阅读成就思想……

Read to Achieve

心理成长系列

幸福心力

Mind Your Life

How Mindfulness Can
Build Resilience and
Reveal Your Extraordinary

在正念中活出通透人生

［加拿大］梅格·索尔特 ◎ 著　范玲琍　李晓轩 ◎ 译　陈雁 ◎ 审译
（Meg Salter）

中国人民大学出版社
·北京·

图书在版编目（CIP）数据

幸福心力：在正念中活出通透人生 /（加）梅格·索尔特（Meg Salter）著；范玲琍，李晓轩译. -- 北京：中国人民大学出版社，2023.4
书名原文：Mind Your Life: How Mindfulness Can Build Resilience and Reveal Your Extraordinary
ISBN 978-7-300-31591-1

Ⅰ. ①幸… Ⅱ. ①梅… ②范… ③李… Ⅲ. ①心理学—通俗读物 Ⅳ. ①B84-49

中国国家版本馆CIP数据核字（2023）第057175号

幸福心力：在正念中活出通透人生
［加拿大］梅格·索尔特（Meg Salter） 著
范玲琍 李晓轩 译
陈 雁 审译
XINGFU XINLI：ZAI ZHENGNIAN ZHONG HUOCHU TONGTOU RENSHENG

出版发行	中国人民大学出版社			
社　址	北京中关村大街31号		邮政编码	100080
电　话	010-62511242（总编室）		010-62511770（质管部）	
	010-82501766（邮购部）		010-62514148（门市部）	
	010-62515195（发行公司）		010-62515275（盗版举报）	
网　址	http://www.crup.com.cn			
经　销	新华书店			
印　刷	天津中印联印务有限公司			
开　本	890mm×1240mm　1/32		版　次	2023年4月第1版
印　张	9.25　插页1		印　次	2023年4月第1次印刷
字　数	165 000		定　价	75.00元

版权所有　　侵权必究　　印装差错　　负责调换

正念带来的丰厚果实和这本书，
献给我的女儿们——杰奎琳·格兰迪和克莱尔·格兰迪，
并以此纪念我亲爱的弟弟约翰尼·M.C.索尔特

本书赞誉

（以下排名不分前后）

如果让我用一个字来形容梅格，那就是"深"。梅格对看听感科学正念的理解是精深的，她个人的练习功力和状态也是深刻的。

看听感科学正念是一套扎根于世界多种经典传承的正念训练体系，深受科学精神的启发。我非常高兴地看到，在中国，看听感科学正念正以一种适合当代中国社会的形式发展和呈现。

当代的中国社会注重科学，把平等获取幸福资源作为社会发展的目标。梅格的《幸福心力》将对实现"中国梦"做出贡献。而通过她对看听感科学正念的传播，我也能够回馈中国，来感恩中国历史先贤对我的生命和教学所带来的帮助。

杨真善（Shinzen Young）
看听感科学正念创始人、《觉醒的科学》作者
美国亚利桑那大学 SEMA 实验室联合负责人

当你能看到、听到、感受到自己的"内境"与"外境"的相互影响和制约关系，你就在"制约"之外了，这种"看见"和"超越"的能力对于在复杂环境中的领导者尤为重要，正如看到山，你就在山之外，看见河，你就在河之外。《幸福心力》这本书帮助你走上发现自己、成为自己之路，值得阅读。

朱岩梅

华大基因集团执行董事

在《幸福心力》这本书中，梅格用平实朴素的语言，通过一个个普通人的故事告诉了我们：有意识地运用意识，做意识的主人，不但是必要的，更是可能的。看听感科学正念揭开了古老心学的神秘面纱。书中推荐的练习方法非常适合日常应用，简单易行，只要能有规律地长期练习就能帮助我们提高心力，让我们成为有备而来的、无惧人生风浪的弄潮儿。

张华莹

UM 正念认证导师 / 高级教练

入选《财富》中国最具影响力的 25 位商界女性和

中国十大企业社会责任领袖

本书赞誉

梅格分享的正念之路,充满了丰富的探索、内在的亲证。感觉她的探索之旅在遇见杨真善老师的看听感科学正念体系之后,终于满意地驻足了。

由于她的广博,因此在她所著的《幸福心力》一书中充满了智慧的洞见,以及对正念最为准确的传递。一边读一边按照书中的方法进行练习和体悟,就像近旁有位老师在悉心指导;而又因为她的真诚和细腻,女性所特有的文字质感会汩汩地沁入内心,蔓延到内在的角落,深深地抱慰孤独的灵魂。

张雅喆
滴滴正念项目负责人

我们可以通过细致入微地感受自己的身体和感官来实践正念,通过有意识地运用意识来提升注意力和幸福感知力。《幸福心力》这本书用平实朴素的语言向读者传递了正念的精髓,并在学习正念的初期阶段为你提供指引和支持。梅格帮你找到让正念融入生活的方法,滋润生命,带来喜乐,并获得内心的能量。

华嘉杰
中国组织进化年会联合发起人
世界经济论坛全球杰出青年

在当今的乌卡时代，有太多不确定的应激事件，令人难以心安。正念训练顺应世人心理需求而成为减压、安心的良药。"看听感"是独特的正念训练体系，简单易学，融入生活，三项核心能力帮助人们提升专注力、觉知力和静心力。坚持练习"看听感"正念，提升幸福心力。

祝卓宏

中国科学院心理研究所教授

作为美国UM正念的总培训师，我有很多机会目睹梅格的教学。她不仅是一名近乎完美的正念高阶教师，而且她丰富的经验和领导才能让学生们非常安心。梅格的风格直指核心，而且和她一起工作非常愉快！

茱莉安娜·雷伊（Julianna Raye）

美国UM正念CEO

首席培训师

梅格深知正念如何在生活的各个领域中发挥作用——从极为个人化的领域到严肃的专业领域，从企业办公室到艺术工作室。在《幸福心力》一书中，她简洁而感人地分享了自己的经验以及不同客户的经历，向我们展示了正念是如何在冥想室之外的日常生活中发挥作用的。对于那些没有机会或不愿参加像正念减压（MBSR）这种标准化课程的人，梅格向他们介绍了如何建立适合自己的、既灵活又强大的个性化练习，并介绍了杨真善的开创性正念技术。

乔什·赖特（Josh Wright）
经济学家
纽约市立大学正念教练

《幸福心力》是一本经过深入研究后写就的实用著作，它整合了多种模型和思想，让读者能够过上非凡、快乐、和谐、创新和健康的人生。该书将正念大师杨真善的教学与整合教练技术的实用方法相结合，提出了一种适用于各种人群的、详细的练习方法，用以在生活中创造积极的改变。

比尔·杜安（Bill Duane）
谷歌前高管

看听感科学正念的方法是行之有效的。多年来，我们一直在用它进行科学研究，同时不断看到了各种成果——从身体减压、减少孤独感、改善社交能力，到提升幸福。这是一套奇妙的、易操作的、强大的正念练习技巧。若想了解这套练习技巧，请阅读《幸福心力》这本书！

大卫·克雷斯维尔博士（Dr. David Creswell）
卡内基梅隆大学心理学和神经科学教授

推荐序

"看听感"缘

梅格这本书读到第三遍时,我的眼泪忽地掉下来。我看到U形曲线右上方那个从底层拔起、向着天空的箭头,带着转化的剑气和勇气。

正念,不仅仅是呼吸。

我想起第一次见到梅格的日子。2020年的夏天,我被疫情困在多伦多,梅格是第一个接受我邀请的"勇敢"的来访者,她带着银发散发出的光芒,一开口就传递出清晰、锐气和关怀。

"看听感"是缘。2019年12月,我和看听感科学正念体系(Unified Mindfulness System)的创始人杨真善老师在中国做分享和培训,从杭州的十里芳菲到深圳的腾讯分享会;2020年,看听感科学正念继续在国内的科技公司里传播,从滴滴、阿里到联想,从中国总部到海外团队。

幸福心力・・・・在正念中活出通透人生

我知道时机到了，中国市场上需要一本书，适合现代人的生活，科学、易懂，又紧扣人心。同时我要找到一个深刻"入世"的修行者，打破很多人对"正念冥想"的传统印象—— 一个被称为"大师"的导师带着众徒盘腿而坐。

正念，不是跟随，不是逃避中的平静，更不是闭上眼睛不问世事。当你启动"看听感"的练习，生活会带着它巨大的真实和丰盈，在越来越亲密和细致的感知世界里向你呼啸而来。

而通过梅格的描述，这些练习方法又如此轻盈和容易上手。梅格这种女性，是被岁月和经历打磨和酝酿出的珍宝。多年担任加拿大皇家银行高管的身份、多年在欧洲工作和攻读 MBA 的经历，在梅格这里转化出的是面对复杂社会体系的清醒，尤其是一个职业女性必须拥有的沉着、敏锐、心底绝不放弃的温柔，以及对人的关怀和关注。

面对愈加分裂和混乱的世界格局，充满联结的女性精神注定会进一步崛起。"女性"不是一个性别符号，而是一种呼唤，一种爱的母体存在。而在梅格讲述的凡人英雄故事里，无论男女，你都可以通过文字感受到他们的爱与真心，他们诚挚的努力、坚持和对幸福追求的不放弃。我们都是自己生活里的小小英雄。梅格也特别为中国读者采访了三个来自中国"看听感"学员的凡人英雄故事，附在本书最后。我希望这些故事传递给你的是对平凡生活的热爱，以及对自己"不平凡"的更多确信。

而这本书的最终出版也是个小小的奇迹，是一个个普通人、一颗颗朴素心愿的不放弃。

首先感谢本书的译者之一李晓轩。在2021年的温哥华，当我在春天的微雨里把梅格这本书递给晓轩时，完全是出于直觉。一周后我收到他的电话："这本书一定要翻译！没有费用我也做！为了'看听感'可以帮到更多人获得幸福。"

晓轩点燃了我要让这本书在中国落地的火苗。我也要感谢北京师范大学出版社的周益群老师，帮我们联系到中国人民大学出版社，之后又有幸认识了编辑晓雅，她和她团队的细致、认真和专业度，给我们之后的工作带来巨大的安心。

信任皆是缘。你会读到范玲琍写的译者后记，从她的文字里你能直接感受到她对"看听感"这套训练体系的热爱和她在整个翻译过程里无条件地付出，碰到玲琍是我和梅格收获的不知该如何言谢的恩情。还有很多我在这里来不及一一感谢的朋友。一本小小的书，看似简单又充满深情，是对疫情年代的一个纪念，是隔着大海却割不断的联结，是一个个有光的普通人之间心火传递的情义。

我们都在相信什么？什么是我们不放弃的心愿？

愿你翻开此书，找到属于你的注释。愿"看听感"为我们继续接缘。

陈雁

之爱创始人

2023 年 3 月于旧金山

中文版序

请想象这样一幕。一位女士正在家办公,努力集中自己的注意力。她对几天后就要提交的新客户的项目感到兴奋,但同时又不断地被忧虑分心:生病的母亲能顺利住院吗?女儿断断续续上了两年网课,现在面临高考,她能如愿以偿吗?老公所在的公司刚宣布新一轮优化,他会受影响吗?

但她知道自己该怎么做。她把椅子从电脑前推开,坐直身体,放松肩膀,做了几个深呼吸。

她将注意力引向自己紧绷的下巴、压抑的胸腔和发热的双手。她尝试清晰体验每一种感受,并耐心等待它们先增强而后慢慢消退;感受它们如何变成一阵阵波浪,好似在深度按摩自己的身体,一次次试图冲刷那些紧张的结——每一次都可能会松一点。接着,她将注意力转移到腿、脚和下腹部,发现那里相对舒适。她听到自己一声深深的叹息,想起自己对家人的爱,感到胸口温暖。在这样真实的感官体验中,只要将自己学到的注意力技能运用起来,她就能消化它们。回到电脑前时,她感觉自己神清气爽,然后,一个新的想法冒了出来，一直被卡住的问题似乎有了一个新的解决方案！

这是一个在日常生活中运用"看听感"方法的例子。我很高兴现在中国的读者和世界各地的中文使用者都能够使用它了。没有比现在更好的时机来训练头脑的注意力技能和培育内心的善意了。当外部环境不确定时，拥有这些内在的资源会让你变得强大。

我相信看听感科学正念体系可以帮助很多中国人，因为它是一种现代的、科学的、普遍的方法。

首先，所谓现代，是指它对所有人都是开放的。任何人，无论背景如何，都可以学习发展他们的注意力技能。你不需要拥有特定的个性或生活方式，你需要的只是选择好如何学习和练习技能的方式。如果你有毅力、耐心，并对所有的可能性保持开放，那么看听感科学正念体系可以为你提供各种实用的策略，帮助你在日常生活中获得更大的幸福。

其次，它基于现代正念练习者的经验和东西方历史传承，以系统的方法对正念进行了分类和调整，是一种科学的正念体系。这种明确的方法让它与诸如哈佛医学院、卡内基梅隆大学和亚利桑那大学这样的科学机构之间的合作得以发生。

最后，它是普遍的，因为它与我们人类共同拥有的核心感知能力——我们的视觉、听觉和感觉，一起工作。正如现代医学基于人体的基本规律运作一样，现代正念也基于我们感受系统的基本规律运作。你不会被要求接受任何信仰体系或文化价值观，甚至不会被引导去达成某种特定的理想状态。你将获得的是探索自己意识的工具：探索意识的内容和过程，并最终探索它的来源。你可能会发现，对个人感官体验的探索越深入，你与他人的联结就越深。

我自己作为正念老师的经历证实了这一点。我已为来自世界各地的数千人教授正念，并将注意力训练纳入几乎每个个人教练项目里。从 CEO，到遭受暴力侵害或无家可归的女性，无论是谁在学习，无论他们的个人情况或他们人生阶段有什么不同，注意力技能都是相同的。

我是以一个练习正念将近 30 年的人的角度来教授正念。我从自己的经验中知道这是有效的！正念过去被认为是尊贵、稀有并难以被接触到的，现在变得平凡、亲切，向所有大众开放了。我能够以此来为客户、学生以及所有我爱的人，甚至我自己，带来更强的当下感、专注和同理心。

我从全球视角进行教学，曾在欧洲和加拿大生活过，并指导过来自世界各地的客户和学生。就个人而言，我亲爱的婆婆出生在上海。作为对这一传承的纪念，我们的家中摆满了她的家人在将近 70 年前离开中国时带回来的珍贵纪念品。我想她的在天之灵会很高兴知道，她与中国的联系在被延续。

"看听感"的影响力不仅来自它的普遍广度，也来自它的深度。你可能会从学习专注于身体或周围世界的景象和声音开始。这可以帮你建立注意力的稳定性，并创造一种平静或充满活力的有益体验。然后，你还将学习如何将注意力发展为一种可以随意引导的灵活的专注工具。随着注意力的稳定，你能够放大和辨别事物的细节，让它们变得更精细——就像增加显微镜的放大倍率一样。你可能会发现更微妙的体验，例如情绪在身体中所处位置的轮廓，或脑内谈话和画面所揭示的思维内容。你可以学会协调那些意识的闪现，首先照亮然后超越普通的智识，到达那个在各种传统里用许多不同名字描述的相同的东西——那个绝对的、源头的或觉醒的意识。

　　自 2017 年本书最初出版以来发生了什么变化？我当时观察到的许多趋势仍然适用。有关正念益处的大量科学证据不断出现，而且正变得越来越可靠。就像任何强大的药物一样，人们越来越认识到，应该通过适当的支持和培训来学习正念，而那些经历过创伤的人则更需要得到特别的关照。虽然许多人会利用面向正念初学者的应用程序，但很少有人能够坚持使用这些程序足够长的时间以获取真正的好处。看听感科学正念体系旨在为你提供灵活性和选择，助你成功。

　　"看听感"作为一种现代正念方法的可信度正在全球范围内传播。它被用作卡内基梅隆大学和亚利桑那大学神经科学研究的基础。在美国，很多人通过美国 Unified Mindfulness LLC 提供的在线课程学习如何练习和教授"看听感"方法；在中国，之爱学院与看听感科学正念体系创始人杨真善深入合作，推广看听感体系（也叫幸福心力训练）。

如果你拿起这本书，你可能正在寻找一些东西，但不知道如何清晰表达那究竟是什么。我希望，在这本书里，你的问题得到了尊重和回应，你对可能性的看法也被扩大，你能安排出可行的步骤来开始简单的改变，而这些改变将成就你的独特和非凡。

对于本书的大部分主题，我要深深地感谢杨真善。他是一位正念大师，无偿地向许多人提供他的智慧，鼓励其他人用自己的声音传播智慧。我自 2006 年开始密集参加杨真善的静修营，阅读他发表的所有著作，并从他的个人指导中获益。没有他，写这本书的作者就不会在这里。书中贯穿了看听感科学正念体系的概念和方法。由于不可能单独详细标注所有引用，我希望现在在这里做一个整体的提示。

我还要感谢乔安娜·亨特（Joanne Hunt）和劳拉·狄梵（Laura Divine），她们是整合教练体系大师级认证教练（Integral Master Coach™）和加拿大整合教练机构（Integral Coaching Canada®）的创始人，我曾在那里担任兼职老师。这本书借鉴了她们的整合发展方法的一些要素，以帮助读者能够保持日常正念所带来的个人

XVII

变化。

我受惠于众多老师，在此要感谢给我留下深刻印记的三位：肯·麦克劳德（Ken McLeod），金刚乘大师；辛西娅·布尔乔（Cynthia Bourgeault），她朴实的智慧和渊博的学识为我的基督教根源注入了新的活力；以及 Stages International 的创始人特丽·奥法伦（Terri O'Fallon），她的用心和开创性的研究影响了很多个体和人类历史的发展轨迹。

我很幸运能得到比我想象的更多的支持。对于本书中文翻译版，我要特别感谢：我的丈夫约翰·格兰迪（John Grandy），他的爱和支持多年来一直从未改变；北美和中国的凡人英雄们，他们愿意接受采访，并将他们的故事托付给我；我的许多客户和学生，他们所展现的"非凡"是我灵感的源泉。

最后，向不懈努力的之爱团队致以最大的谢意：感谢陈雁、范玲琍、李晓轩、林雪晶等，没有你们的热情和坚持，就没有这本书。

导言

我从未想过，今天的自己能如此自在地生活在当下的这个皮囊里。小时候说话结结巴巴，现在却能靠嘴谋生成为一名专业教练和顾问；天生胆怯，现如今却已学会享受变化和挑战。是的，我觉得自己能够成为一个勤奋、好学和优秀的人，但我从未梦想过有一天自己竟能体会随性的快乐，欣赏出格的笑话，徜徉于不确定中，在和陌生人初次见面时就能完全保持轻松自在。是的，我从未想过这些事情有一天真的会发生在自己身上。

这些都是正念带来的变化——到今天，我练习正念已将近30年。与很多老师不同的是，我的练习并不依赖于经常参加长时间的静修营，而更多的是把练习融入日常工作中和家庭生活中。所以，我确信你也一定可以通过这样的方式练就这些非凡的能力。

通过这本书，我特别想告诉大家：仅仅通过改变和练习你聚焦注意力的方式，假以时日，你的生活就会发生改变。当然，简单并不代表容易。能够将一个新习惯有意识地融入你的生活并真正让它成为你的一部分，会是一个看似微小却意义重大的改变。作为一名有多年实践经验的整合教练，我希望能支持你实现这种改变，帮你把对正念的好奇心转化为可持续的行动，强健自己的正念肌肉，真正获得属于你的丰盛的人生体验。我为什么有信心你能做到这一点呢？因为我已经在自己和他人身上见证了这样的变化。在这本书中，你会遇到18位正念的练习者，他们的练习时间短的只有三年、长的达到40年。通过找到能持续练习的方法，他们都让自己变得更能适应变化，更能面对挑战。他们的故事证明了正念的觉知能帮助一个人建立巨大而深厚的能力，让平凡人不平凡。

这些年来，正念的科学研究一直是热门领域，不断有新的研究结果证明持续的正念练习可以减轻压力、提升注意力、培养共情、积极改善人际关系，并增强整体幸福感。

就像科学家们在20世纪70年代发现了慢跑对身体健康的正向作用一样，正念也越来越多地被证实在提升人的心理健康方面有很大作用。更棒的是，这将会是一种人人可用的便捷方法，人人都能借此提升幸福感和活力，正所谓正念值得。

古老的正念智慧已经完全准备好了再次向世界敞开它的怀抱。新一代的实践者站在第一代先驱们的积累之上开创了更先进的方法体系，并再次把正念推升到时代的风口浪尖。第一批先驱实践者可以说是进行了成功的贝塔测试，复苏了千年智慧，并以超越宗教信仰或文化习俗的全新方式造福了现代人。

导言

今天，我们已经可以说，经由现代科学方法证实，正念练习给大脑带来的变化是可测量的。早期实践者（以及市场机会主义者）令人振奋的收获正在转化为经得起反复试验证明的数据实证。当然，经由正向的批判性思维和比较研究后，我们也认识到，正念练习也不是什么魔法或万能药；相反，它是科学的、实证的，并应当根据不同的情况有所调整。

如果你发现，自己在应对来自外界的持续挑战时，已有的办法似乎都不太奏效，那就意味着你可能需要对这些策略进行一些调整。如何防止持续的压力转变成压抑？面对每周7天、每天24小时随时响应的需求和"996"的工作现状，你又该如何倾听自己内心的声音，并保持与自己的内在联结？当周末不再是休息日，你要如何充电并恢复体力与精力？面对常态化的经济低增长和全球的结构性变化，你该如何告诉孩子们这个世界还有希望？在生存需求有基本保障后，你又该如何满足自己的情感需求、社交需求、精神需求？

本书所提及的正念理念属于西方第二代正念潮流。其中许多方法和概念都源于杨真善老师创立的看听感科学正念体系[1]，他是一位有着50多年实践经验的真正的正念领袖、作家和科学研究顾问，致力于让东西方之间、灵性和科学之间产生真正的对话。或许你现在仍然认为正念就是打坐、关注呼吸。没错，这些可能确实是正念的一部分，但绝不是全部。

正念这个词可以有太多不同的解释和理解。时至今日，正念的涵盖范围已非常广泛。通俗地说，它指的是一种清醒觉知的状态。从理论上讲，或者从更完整的定义上来讲，正念是指以好奇和善意的态度关注当下在头脑、身体和外部环境中所发生的事情。[2] 在实践中，它可以指不同的正念流派和体系，这些流派和体系源于不同的传统，或是由令人尊敬的老师以不同的方式带领。我所说的这些流派，包括了流行的正念减压（Mindfulness-Based Stress Reduction，MBSR）、正念认知疗法（Mindfulness-Based Cognitive Therapy，MBCT），以及受佛教启发而发展出来的内观冥想（Vipassana meditation）。所有这些方法都在培养练习者的专注能力：如何专注当下的体验，并放下对你正在经历的体验的评判。而每种方法中也都至少包含了一种正念练习——关注呼吸或者关注身体感受。那么，现在你可能要问我为什么要再给你介绍另外一种流派呢？

因为以上这些流派的方法都有自己的局限性，它们往往仅基于一种传统，是由某位老师或者某个项目在众多的可能性中挑选了某些特定的技术。它们可能会对某些人群有效，但不可能解决大范围的问题。因此，如果你尝试了这其中一种方法却发现它没有作用，你可能会得出正念不适合你的结论。但这可就太糟糕了，因为你会因此而错过一个巨大的宝藏。这就如同仅仅因为不喜欢吃香菜，就让你拒绝所有的绿叶菜，损失会不会太大了？油亮亮的上海青、软糯的米苋、清甜的豆苗，还有茂盛的西兰花，它们怎么能被香菜代表呢？

导言

杨真善老师的看听感科学正念体系可以说是一个既现代又经典的"元"系统。说它现代，是指练习它不受个人信仰或背景的限制，任何普通人都可以无障碍、无门槛地练习这个体系；同时，哈佛医学院和卡内基梅隆大学等研究实验室对它已经进行了长期研究和数据采集，所以它又是基于科学实证的。说它经典，是指它同时根植于东西方千年的传统智慧。这样的东西方对话和交流，直到最近，才随着全球交流的发展以及各种文化传统的共享和融合而成为可能，也让像"看听感"这样全面并具有整体性和框架性的系统能够出现。

本书适合所有水平的练习者。如果你对传统智慧感兴趣，这本书所介绍的方法将帮你能够在生活中实践这些智慧。如果你刚开始尝试正念练习，或者曾经尝试但没有坚持，那么这本书可以帮你拉升学习曲线，突破原来的瓶颈。如果你练习正念已有一段时间，但却困于平台期而无法跃升，这里介绍的方法可以为你的练习注入新的活力。培养正念觉知是经年累月的改变，绝非一个速效方案。有了正确的工具、支持和持续投入，你就可以做到。我写这本书的目的也正是为了给你提供帮助。无论是从头到尾按顺序阅读，还是挑选感兴趣的部分深入钻研，或者只是在需要的时候拿出来作为辅助资料，你都可以按自己的喜好自由地使用这本书。

在第1章中，我将先告诉你我的故事：我是如何从人生的挫折中复原并获得成长和改变的。第2章将讲述七位凡人英雄的故事，并带你了解长期的正念练习如何在他们的人生面对挑战时发挥作用：从如何面对创伤后应激障碍（post-traumatic stress disorder，PTSD），到如何应对严重身体疼痛；从在正面遭遇事业低谷时如何走出来，到如何摆脱"同情无力症"（compassion fatigue）。在第 3 章，我将简要概括正念可以给大脑和身体带来的生理层面的影响，包括科学界的新发现。第 4 章则关注正念如何帮助提升个人的心理复原力（正念练习可被当作一剂减压"疫苗"，激活相关的心理"肌肉"，帮助复原，适应变化并实现改变），对此我们会进行更加细致的探讨。

在第 5 章中，我们会从提升注意力的角度来介绍正念练习的作用。在书中，你会遇到 DAN（即默认注意力网络）和 MoMo（即你每时每刻在当下的觉知意识，帮助你逐渐摆脱 DAN 的控制）。[①] 我将总结你在发展可持续正念练习时可能碰到的五个挑战，还将提供一个表格帮你更加明确你练习正念的动机。在第 6 章中，我们将回顾看听感科学正念体系，以及它的三种基本能力：守、清、通。在第 7 章、第 8 章和第 9 章会有一系列的正念练习，其中有清晰的步骤，还会举例说明这个练习"在你的头脑里"大概会是什么样子。我会给你提供很多选择，但你也不必感到难以抉择：你只需要选择一种方法，就能够达到效果。在第 10 章和第 11 章

---

① DAN 的英文全称是 default attentional network，MoMo 的英文全称是 moment-by-moment sensory awareness，作者在这里使用了拟人化的说法。——译者注

里，将会有更多凡人英雄的故事，帮你制定你自己的让"正念融入生活"的路线图，并学习如何一步步活出属于你自己的、更丰盛繁荣的人生。

我无法保证所有这些"奇迹"都一定会发生；但我会说，如果你能开始关照自己的生活，人生也会以它的方式回馈你。

目录

第 1 章　　我的故事　// 001

第 2 章　　凡人英雄故事　// 017

　　　　　　尼古拉：不仅仅是减压之旅　// 021

　　　　　　亚历克斯：PTSD 与创作灵感　// 024

　　　　　　芭芭拉：ADD 创业者的事业低谷　// 026

　　　　　　布莱恩：痛与"通"　// 030

　　　　　　詹姆斯：急诊科医生的"同情无力症"　// 034

　　　　　　莱拉：职业难题与饮食挑战　// 036

第 3 章　　大脑与身体的变化　// 041

　　　　　　脑力再塑：恢复你的注意力和幸福感知力　// 044

　　　　　　减轻压力并提升整体身心健康　// 046

　　　　　　培养共情能力和积极的人际关系　// 048

第 4 章　　强健你的"复原肌"　// 051

　　　　　　正念：增强复原力　// 055

抗挫复原 // 056

调适成长 // 064

第 5 章　再塑你的注意力 // 073

两个"自我" // 076

挑战 // 081

转变 // 084

锚定你的正念动机 // 089

体验：深度聆听 // 093

第 6 章　看听感科学正念体系 // 095

三项核心能力 // 098

三组练习类型 // 110

坐姿练习：时间、地点和姿势 // 113

第 7 章　欣赏自我与世界之一：探索感官体验 // 119

探索感官体验的基本技术 // 122

觉注 // 125

探索感官体验的实践 // 127

第 8 章　欣赏自我与世界之二：开启外、内、歇、流的体验 // 141

感官体验详表 // 145

聚焦"外" // 146

聚焦"内" // 152

聚焦"歇" // 162

聚焦"流" // 169

第 9 章　超越并滋养自我与世界 // 177

正念助你体验超越 // 180

只觉注"去" // 182

无为 // 187

培养积极性 // 192

第 10 章　将正念融入生活 // 203

来看看凡人英雄们是如何做到的 // 205

保持习惯的三个要素 // 211

正念生活练习地图 // 213

第 11 章　绽放的人生 // 231

注释 // 245

来自中国的凡人英雄故事 // 249

译者后记 // 261

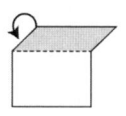

第 1 章

我的故事

Mind Your Life

第1章 我的故事

从很多方面来说，我的人生开始得非常不错，说是像中了彩票也不为过。

我出生在和平年代经济繁荣的时期，父母身体健康，家境殷实。我们兄弟姐妹四个，我是老大，所以从不缺乏陪伴，也不缺一直在身边叽喳唠叨的人。我学习不错，虽然还算不上是"别人家的孩子"。回想起来，我小时候的每个夏天都过得如田园诗般——我们全家会有整整一个月都待在一个占地2.5英亩①的小岛上。我们每天都自由自在地奔跑、游泳、划独木舟，下雨天躲在潮湿的旧屋里一遍遍玩棋盘游戏。岛上的雪松林里有一个土制靶场，我们每个人都会在那里练习射击。男孩们喜欢刺激的枪声，妹妹最爱弓与箭，而我只要是能不脱靶就已经很满意。我算是个挺幸运的孩子，但有点害羞、有点爱幻想、四肢不太协调。在操场上，我总是躲在一边，很少和其他女孩们一起参加集体运动项目，特别是可怕的跳绳比赛。每当数学老师要求孩子们轮流大声回答口算结果时，我也都会感到非常恐怖，倒是长篇的魔幻小说能让我得到短暂的庇护。9岁时，我就戴上了眼镜。到了11岁，我的口吃已经非常严重，几

---

① 1英亩约为4046.8平方米。——译者注

乎无法好好念出我朋友的名字"安妮塔"——每次给她打电话前我都需要鼓足勇气。总而言之，这还是一个足够好的童年，安稳的同时也有些可以忍受的古怪。

进入青春期后，生活开始变得有些不顺。除了大家都经历过的"青春痘"之外，我父亲的"神经崩溃"（nervous breakdown）开始发作：他突然失踪了一段时间，去向不明，银行联名账户中的余额也被清空，于是我那留守的母亲马上陷入了困境。后来，他可算是从英属维尔京群岛回家了。他丢了工作，隐藏的酗酒问题也暴露无遗。我对成人世界的天真信任从那时开始瓦解。不久后，父亲重新开始工作，但我们家再也回不到从前。最终，他俩离婚了，而我母亲的慢性病也开始加重。但她仍然努力回到大学并拿到了她的硕士学位，毕业后还找到了新的工作。而我在大学毕业一年后嫁给了高中时的黑发亚美尼亚裔男友。四年后，我们也离婚了。

和大多数人一样，我在生活中学习如何应对日常的一地鸡毛和冷不丁的痛击。到了30多岁时，我感觉自己还算是略有心得，早期的动荡也都成为过去。我又结婚了，有了又帅又非常爱我的丈夫（多年后他依然很帅），同时我在金融服务领域获得了扎实的职业经历，去欧洲工作了五年，还拿到了名牌院校的MBA学位。我们很幸运有两个健康、出色的女儿。在她俩还小的时候，我便开始尝试咨询和辅导工作，探索工作家庭平衡的解决方案。承担两份重量级的工作，培养两个孩子，还清了房贷。一切都很美好，是吧？是

第1章 我的故事

的，几乎是的，但实际上在我的内心深处，我一直为生活扎紧了围篱，努力维持一个没有战事的前线。我们的家庭生活会有裂痕和紧张。尽管进行了家庭治疗，但我不能说这是个我渴望的百分之百完美的家庭。我们的一个女儿还遭遇过校园霸凌，当时的我就像每个护崽心切的母亲一样，精疲力竭，身体被掏空。低头、俯身、消化自己的感受，去做必须做的事情，不知所措时被轻度的抑郁偷袭一下——这就是我的应对策略，还算是有那么点效果。

直到某年四月，一个阳光明媚的星期六上午，电话铃声响起。那是一个普通的周末早晨：忙碌了一周后，我和女儿们在屋里休息、打扫。唯一令人稍感不安的是，我最小的弟弟约翰尼已经失踪三天了，我一直在等新的消息。他像往常一样开着卡车上班，但却没有回家。父亲四年前留给他的旧步枪也不见了，我们都希望只是个巧合。大家都知道约翰尼当时的生活有些艰难，他帮人造房子做装修，但工作量一直不太够，偿还房贷都有点困难。在他走过不羁的20岁之后，我们时不时听到关于他婚姻出问题或服用违禁物的消息。当然我们也不知道他到底在经历些什么。在上一个感恩节，当我的另一个弟弟迈克尔试图与他交谈时，约翰尼惯常的幽默犀利已经不见，他坐在沙发上，双目下垂，音调低沉，回答机械。

约翰尼原本是个优质贴心暖男：英俊、聪明、乐感好，是位天才的园丁。他慵懒松弛，魅力十足，身边总不缺女孩。他和他的朋友们关系紧密，关键时刻可以相互支持。在前一年冬天，母亲生病的时候，他还和我妹妹分担了照顾的责任，每天轮流看望母亲。他这辈子从来没有伤害过任何人。

在那个星期六早上的电话那头，迈克尔的声音低沉木讷。妹妹希拉里在离约翰尼家只有几个街区的地方找到了约翰尼的卡车。

打开车门时，她发现他已经去世了。他用步枪射穿了自己的头部，已在卡车后座躺了一整天。后来，我们在他的屋子里发现了一盘录音带——一封口述的遗书。"我把事情弄得一团糟，"他说，"没有我，你们会过得更好。"他找不到出路，失去了希望。一周后，我们发现他是刻意安排了自杀时间，这样他的妻子就可以在保单有效期内得到赔偿。约翰尼保持了他一贯的工匠精神，对自己的离世也进行了精确的安排。而对于我和所有爱他的人来说，那是天崩地裂的一天。

当遭遇巨大的创伤性事件时，我们会怎么办？我们会尝试使用所有已知的策略。在接下来的几个月里，我用遍了过去学过的所有可用的方法。我试图与我的孩子和朋友们坦诚开放地讨论这件事，但作为一名新晋独立顾问，我又不想花太多时间以免影响工作。我尽力吞咽下自己的痛苦情绪，让自己忙起来，尝试承受这不能承受的痛。只有音乐才能略略抚平我揪紧的心。直到约翰尼的音乐家朋友们在为他守灵时奏起老歌《约翰尼·B. 古德》（*Johnny B. Goode*）时，我才终于能哭出来了。

第1章 我的故事

有一天，我听到一个声音。那是在约翰尼去世五个月后，我独自一人在卧室里，脑海中传来一个清晰细小的声音，"你应该开始练习正念了，"它说，"否则你可能会走上和约翰尼一样的路。"这个声音品质独特：简洁、低调，但影响力非常大，大到足以让我在20年后仍然可以清晰回忆起当时的场景。一周后，那个声音又出现了一次："你应该开始练习正念了。"现在我才知道，这种洞悉来自一种深入的清明：当我们的内心足够敞开，就能听到来自内心深处细微但坚定的声音。但当时，我只是从直觉上知道我应该听从它。

为什么会出现这样的警示呢？从表面上看，我和约翰尼有着巨大的不同：他年纪最小，我最年长，他的挑战和艰辛也比我们都大很多。他也是我最亲爱的弟弟，虽然年龄差距大，但我们长时间生活在一个屋檐下，共享过许多重要而且深刻的时刻。他的婚礼是在我们家后院举行的，他也是我们小女儿最亲爱的教父——能去约翰尼舅舅家住几晚一直是小姑娘的热切盼望。

无论自杀是由什么原因引发的，比如抑郁症或是特殊变故，任何家庭都可能经历亲人自杀的重大创伤。在有些家庭中，自杀像是带有遗传性：作家海明威的家族里，四代人中出现了五次自杀。我父母两边的家族都有传递多代的酗酒问题，而酗酒本身也是一种缓慢而残酷的自我毁灭之路。内心意识告诉我：这次必须要当真了，我必须要建立自己的心理保护机制；否则，我可能随时会被叫不出名字、说不清来源的恐惧袭击，更有可能会影响到我最爱的家人。

正念于我并不算陌生。本科时,我在纽约罗切斯特的禅修中心尝试过一整天的静修。但过分出世、强调仪轨的生活方式令我望而却步。这次,在内心声音的提示下,我四处留意并通过一位朋友找到了一位教授正念减压(MBSR)的老师。MBSR由马萨诸塞大学医学院的乔·卡巴金(Jon Kabat-Zinn)博士在20世纪80年代开发,是一种目前已被大众普遍认知的正念练习。你可能听说过卡巴金博士的许多著作,包括畅销书《多舛的生命》(Full Catastrophe Living)。在参加了为期八周的课程之后,我设置了每天20分钟的规律正念时间,就放在女儿们一早出门上学之后和我开始工作之前。如果没有别的安排,我就把它当作每天中一段完全属于我自己的时间。

然而,我一点都不喜欢这个练习,一分钟都不。当时我练习的是呼吸数息练习:关注自己的呼吸并计数一到十,如果走神了就重新开始。练了一阵,我发现我能保持注意力了,但"副作用"也很大:20分钟的练习进行到一半时,我开始感到类似毒虫叮咬的刺痛,而且是从皮肤里透出来的难受。如果小时候感受过"裤腿里爬蚂蚁",或者体验过大冬天从户外回到室内,冻僵的手指脚趾刺痛发麻,你大概就知道那是一种怎样的感觉了。当然,当时我并不知道,一个人一旦创造出空间让内心体验浮现,类似的说不清、道不明来由的各种紧张情绪就会结伴而来。

所以我早期的学习曲线有点儿蜿蜒——每当事情在变好之前都

会先下行一阵。可能是由于约翰尼去世带来的震惊，或是内心反复回荡的小声音，也可能就是因着天生的倔强，我设法挺过了开始那折磨人的几个月。当时我参加的正念培训主要是聚焦在减轻压力和提升内心的平静上，到第六个月的时候，情况开始发生变化，我惊讶地发现一些在自己身上从未有过的改变：我发现我开始变得有能力应对当时的一个人生重大转折，同时，我的责备变少了，勇气增加了。

那个时期，出于对职业发展的考虑，更主要的是家庭的原因，我和先生决定要搬去另一个城市。我先生当时在一家跨国银行工作，在这之前我们已经习惯了公司付费的搬迁——我们已经这样搬了三次家。所以这次我们自然认为仍然可以这么安排——尤其是如果他能非常诚恳地去和公司沟通！然而，经历了几个月的口舌后，我们不得不面对骨感的现实——这样的好事应该不会再发生。想要新的生活，这次我们必须自掏腰包：我们俩都必须重新找工作并承担搬家的费用。屋漏偏逢连夜雨，当时的房产市场正值下行。经过三次降价，损失了30%的资产价值后，我们最终在六个月后才为家中唯一的不动产找到了下家。为了让女儿们能在九月份开学季到新学校报到，在旧房子成交前，在手头还没有足够现金的时候，在还没有在新城市找到任何新工作时，我们就在新城市定居了下来。

在此之前，我从未能够、也从未真正在这么长的时间里，让自己的神经经受这种"不确定性"的折磨，并同时承担如此大的风险。应该是正念帮我强健了自己的心理肌肉,从而能像应对"蚂蚁刺痛"般的身体不适一样,从容面对困难的情绪。能够不被情绪吞噬意味着,在模棱两可和失落中,我仍然可以坚持下去,不丢失目标,不放弃希望。直面自我意味着,我不会把自己的恐惧投射到他人身上。而在实际的日常生活里,这就意味着我不会再不断纠缠先生,问他"你到底什么时候才能搞定啊",或将明显超出他控制范围的困难归咎于他。更少的唠叨也意味着我们能在压力下仍旧保持联结。从那以后,即使他自己对正念还是兴趣不大,但他对我的练习开始完全举双手赞成。

在进行这些早期的练习后,我开始尝试更多不同类型和风格的正念练习。就像健身一样,正念也有不同流派,自不同传统而来;不同老师教授的技法各不相同,也自带风格。回顾过去这20年的练习经历,虽然有时也会落入陷阱或停滞于平台期,我还是实实在在享受到了长期练习带来的益处。

那次搬家大约一年后(我们搬到了新家,两个孩子上了新学校,我和丈夫双双找到了新工作),一位朋友邀请我和她一起去当地的教堂参加活动。那是一个新教的团体,会有很多活动。其中有一个活动引起了我的兴趣,那是一种我之前从未听说过的基督教正念。这个正念方法在1975年由本笃会修士约翰·梅恩(John Main)创立,其核心不是关注呼吸,而是念祈祷词——默默在心里重复念诵一个单词或短语。约翰·梅恩在担任教会职务前,曾作为英国外交官驻扎马来半岛，他在那里从一位印度僧侣处学到了念诵的方法。作为全球现代正念实践的一部分，基督教背景的正念流派目前是由劳伦斯·弗里曼神父（Father Laurence Freeman）领导，并已覆盖100多个国家，人们会在当地的教堂、家庭甚至监狱里练习。

对我而言，在这里的练习经历不仅让我体验了一种新的方法，更让我更新了自己练习正念的目的。减压确实重要，但通过正念，一个人更能与深层次的价值观联结。而且，这也是我人生的初次共修体验。在周日的早上，我们中的一些人会一起坐在有印花椅罩的凳子上，进行45分钟的静默练习，然后再做一些交谈。我不安的身心会很快安定下来。也许是天生性格比较害羞，我从来都不是一个热衷参加集体活动的人。但这个团体提供的价值和支持对我来说非常有启发性：谁说陪伴和交流一定要靠语言呢？

我就这样坚持了三年。到今天，正念于我已经成为一种习惯。最初的蚂蚁爬裤腿式的折磨早已翻篇，在多数的日子里，我在静坐时都会感受到某种平静。在我们顺利搬进新家后，这种平静开始慢慢渗入我的日常生活中。后来，当和一些同事一起遭遇公司裁员时，我采取了直面的策略：把疑惑、担忧和拷问的情绪带到静坐中，于是我的静坐开始变得没那么平静。即使是这样，每日规律的正念练习至少让我有一个地方可以盛放压力，直面恐惧与希望——这也意味着我不必通过向其他人发泄或做出不成熟的事情来释放这些压力。

也正是在这段时间，我从全职工作开始转型做教练和咨询，同时开始接触佛教正念。一个星期天早上，有人递给我一本当地瑜伽正念中心的宣传册子。那是在市中心一座不起眼的办公楼里的一个小套间，屋里装饰着一座藏式祭坛、五颜六色的经幡和刺绣。在这个充满异国情调的环境里，人们看起来友善而真诚。我也算是（生平第一次）找到了一位导师。佛教将正念练习理解为一条可以被明确标注进程的修行之路。我的老师在这条路上比我行走得更久更远。她教授我方法、启发我并给予我一对一的指导，在我遇到困难时帮我指出问题并告诉我继续前进的各种可能性。她有三个已成年的子女，所以对我来说和她相处特别容易。她的活力、善良和鲜红的指甲油都让她看起来很有魅力，也很吸引人。

在这里，我学到了慈悲、感恩和观想，了解了正念不只是关乎心灵和思考，也关乎身体感受——身体微妙的张弛模式和能量脉冲。我学会将正念从固定的时间地点带到全天候的日常生活中，带到遛狗时、排队中和谈话里。当然最重要的是，通过定期参与正念静修营，我的练习越来越深入。

参加正念静修营听起来像是一次从生活的逃离，但事实上它却能帮你更完整充分地感受生活：你能够暂时把平时的活动放一边，进行集中专注的练习；摆脱了手机、电子设备和来自环境的其他干扰，你便有机会与自我和他人建立更深入的联结；能够完整体验自

第 1 章 我的故事

我与环境,还其本来面目。虽然每位老师各有风格,但几乎所有的静修都会包括技能教授、练习、静默、劳动、对话、音乐或一些仪式。

最初,静修营对我颇具挑战:我那种个人化的敏感模式会出现(一种比"蚂蚁爬裤腿"略轻微的干扰),伴随强迫症以及对速度和效率的执念。有一次,我居然在去静修营的路上收获一张超速罚单——"罚款 140 美元,扣 4 分,女士!"正念练习中还会浮现痛苦的回忆:关于约翰尼、童年的场景、出生和死亡,以及失败和胜利。他们通常像是背景音在嗡嗡作响,好似一部老电影在反复播放。无论是怎样的体验,一般经过一周的静修,我总会感觉好很多。在接下来的几个月里,也似乎能更轻松地应对生活。我先生一直会有一种担心:静修会不会把我变成另一个人。然而并没有,我反而觉得我比以前更能做自己了。现在,长时静修已成为我重要的稳定基石,我甚至每年都会特意预留出时间参加,从半天到一周的活动都有。

在跟随那个小组几年后,我发现我开始遭遇另一种限制:传统信仰体系给现代生活带来的僵化限制,以及同时出现的一些形式主义和浮于表层的拼凑感和潮流感。我想我真正需要的是与现代生活的挑战和节奏更合拍、有更高相关性的实践。我想要一个更为整合的方法,既能广泛涵盖足够多的方法,又能深入触碰到传统智慧最深的根基。2006 年,我开始跟随杨真善老师学习。他的教授为我带来了期待已久的广度和深度,并在日后成为我个人练习和教学的核心。

通过阅读以及和那些优秀榜样的会面,我确信自己所看到的那些非凡成果是完全真实并可实现的。但我更想能够在此生体验到它,不仅为了我自己也是为了我所爱的人。看听感科学正念体系所教授的方法,让普通人都能实践这种深层次练习。你并不需要什么天赋,但确实需要清晰明智地知道该如何去真正培养它——"看听感"正是这样一条道路。

我起初只把正念看作一种技巧、一种工具,现在我理解到:这其实更是一种能力,可通过日积月累的练习打磨提升。我从减压和追求内心平静出发,今天,持续的练习已大大抬升了我的心力水位线,让专注和临在状态能够保持一整天。刚开始时,我把正念练习当作一种需要独立关注的刻意练习,而今天我充满感激地意识到:正念已经成为我的一种非常底层的元能力,其他很多的能力都可以建构在上面。例如,如何在与客户的沟通中保持临在状态,不在过度的评判和头脑思绪的奔跑中自我消耗。起先,我每天在固定时间练习一种方法,到现在,我发现自己兜里已经揣好很多种方法,可以全天候随心所欲地调用。

相信我,随时随地进行练习,你也可以做到。

到了孩子们准备上学的时候,我已经修炼到能在收音机头

（Radiohead）乐队的呢喃声或性手枪（Sex Pistols）乐队的咆哮音里进行正念练习。当你充分沉浸在生活的美好中时，它们都是很好的练习机会：在音乐里、在日落下、在巧克力的美味中。开车的时候，我专注"看"与"听"，普通的日子练不练都可以，但在雨雪天时就可以开车和练习一举两得。感觉到下巴颏紧张时，我会将注意力转移到下巴上进行练习，这也让我意外地发现，一般人在夜里才发作的颞下颌关节紊乱，对我来说却是在白天启动。我在大型会议之前练习：在厕所隔间花几分钟通过几次深呼吸平息狂奔的心；我在引导工作坊的过程中练习：当时我和 50 位肿瘤学家一起被一个困难话题卡住，大家都准备放弃并绕过这个难题，停顿了片刻后，我仍然想不出该如何继续，但我的内心并没有感到恐慌，随后，就有人奇迹般地给出了个好主意；我甚至在和家里的熊孩子摊牌时练习：在完全面对并充分感受自己的愤怒后，我干净利落地表达了自己的观点，并没有被逼成呼天抢地、捶胸顿足的老母亲。

正念助我安然度过了平常人可能都会遭遇的生活颠簸，包括三次裁员（一次我的公司，两次我先生的公司）、孩子的青春期、董事会上的剑拔弩张、创业时的前途未卜、父母的失智症困境和亡故，以及双方家族的遗传心理问题。

还有约翰尼的死带来的创伤——这是一种会将你彻底击穿并永久改变的创伤。我想，没有人会希望自己的人生经历这样的痛苦。最后，伤口也终于闭合结痂。

然而，并不是所有的人都能扛过如此的伤痛。对某些人来说，伤口会一直无法愈合，甚至会终生遭受伤口溃烂、化脓的折磨。回想当初我所采取的应对策略——回避或强迫自己忙碌起来，其实风险挺高的。万幸的是，在漫长的愈合过程中，我的创伤慢慢转化成一种对于苦难的慈悲，而这也是我从前并不拥有的一种情感能力。

对生活中反复出现的压力感和时不时遭遇的打击，练习帮我减少自我消耗，节约下来的精力反而可以让意想不到的灵感和潜力冒头。随着时间的推移，生活不仅不再苦涩，而且越发甜蜜。对来自别人的伤害，我能原谅；对于自己曾犯下的错误，我也能放下，这其实更难。我对模棱两可感到更自在，能在旧与新之间创造可能性的空间，并安然其中。随着内心真正的平静，脑袋里的永久"电台"慢慢变得微弱，我也开始能察觉到内在更微妙的声音信号，能回应身体的内在能量，或与他人建立深度联结。不能说这完全没有运气的成分，但其中大部分的得益，我认为只能是源于持续的正念练习，来自它对我真实而彻底的再造。

第 2 章

凡人英雄故事

Mind Your Life

第 2 章　凡人英雄故事

正念所学习的是如何带着好奇和善意关注当下在头脑中、身体感受上和外部环境中发生的事情。[3] 听起来很简单是吧？如果你已进入到进阶练习，要做到这些确实不太难，但在练习初期，这可能并不容易。基于我个人以及其他许多正念老师的经验，参加正念课程的人，每 10 个人里只有 1 个会在课程结束后继续坚持练习。最近的一项研究证明了这一点。在参加正念减压课程一年后，只有大约 10% 的参与者仍旧会定期进行观呼吸、身体扫描等练习，虽然在平时进行非正式练习的比例会稍高一些。[4] 为什么这个比例会如此低呢？

正念意识的培养，就是要我们学会与自己固有的头脑注意力模式，即大脑的"默认注意力网络"对着干。正念会让人觉得有些反常理，就好像是在逆水行舟。我的教练培训和自我经验告诉我，这就如同要养成任何其他新习惯一样，培养正念练习的习惯需要引入细微但却重要的行为改变。这个改变的过程也需要经过设计，考虑多方面因素：我们自己正在应对的压力或挑战有多大？我们向往怎样的愿景？有哪些可能性？我们的愿望是否足够鼓舞人心又足够现实？我们能够理解并掌握的技术种类有哪些？有哪些正向的体验可以让我们感觉努力有回报，能被推动着继续前行？

尽管挑战重重，但还是有很多练习者克服了困难，如愿以偿地让正念成为他们生活的一部分。

让我们来了解这些榜样的故事，看看他们是如何进行正念练习并把练习持续融进生活的。他们的练习时间有长有短，少则3年，多则长达40年；他们各自的成长背景也不相同，有人是新晋的大学毕业生，也有人刚步入退休生活，有政府雇员也有企业家。他们中有一名教师、一位法务秘书、一位心理学家、一位医生，还有学者、作家、企业高管和按摩师。没有任何一位是富豪或名人。

他们都找到了适合自己的方式并走出各自的学习曲线：开始，停下，然后又重新开始。他们转换使用不同的技巧，为自己的练习找到了有效的支持，也找到了将练习融入日常的方法。关于练习到底会带来什么效果，以及到底要多久才能让大脑发生改变这样的问题，他们都会独立思考，并找到了各自个性化的答案。他们能够关注到生活中细微但永久的变化，并最终开始享受每日的练习时刻。

这些普通人都找到了持续练习并将正念技巧运用于生活中的方法，并活出了非凡人生。他们的故事关于人生中的挣扎和调适、面对挑战时的韧性，以及如何借此活出意料之外的丰盛人生。我向他们提出了问题，问他们是如何开始的，是如何继续的，练习对他们的生活产生了什么影响，以及他们会给你什么样的建议。那么，我们就一起来认识尼古拉、亚历克斯、芭芭拉、布莱恩、詹姆斯和莱拉。

尼古拉：不仅仅是减压之旅

尼古拉是一位黑发女士，她轻快的口音和活泼的音调很容易让人想起她的家乡罗马尼亚。接受过医师培训的她在20世纪90年代与丈夫一起离开家乡，到北美开始了新生活。当她发现自己无法在这里继续以医生身份工作时，她重新接受了理疗师的培训。尼古拉现在的工作是支持中风病人康复。她练习正念已有10年。

问：你是如何开始并持续练习正念的？

答：作为一名医生，我听说过正念的积极作用，但没时间练习。而且，这在我原来的国家里是基本不可能的。

我想到要寻求正念的帮助，是在我离婚的时候。我在镇上找了一家茶坊，每周他们都会有不同的正念老师来授课，我这才发现正念比我原本想象的要丰富得多。我从基本的呼吸练习开始。一开始我自己动力很足，恨不得一直坐着，把自己的屁股直接粘在椅子上！但很快我就感觉非常挫败，我明明在进行呼吸练习，但为什么还是不能放松呢？为什么我做不到呢？我是一个非常习惯努力工作、学习的人，所以不产生效果或者说徒劳无功让我感觉困惑。以前我什么时候被"不舒服"难倒过？

然后，我进一步去试图寻找科学的解释。我了解到，自己的大脑其实正在发生变化，这点鼓舞了我。我意识到我正在经历的是心理上的不适，而不是身体上的不舒服。于是我继续练习，虽然刚开始时表现不是太稳定，有时只能坚持5分钟，有时能坚持15分钟。

离婚几个月后，我尝试了一次一整天的静修，并体验到了第一次的"啊哈"时刻。那天刚开始时，我感到自己很烦躁，只想把坐垫扔到窗外。然后，我发现自己开始抽泣、嚎叫。为什么？我突然意识到，我是在为离开自己的丈夫而内疚。我不想面对它。我感到自己彻底地崩塌，但也夹杂着重生的喜悦。这次的深刻体验持续了挺久，也算是一个验证。

就这样，过了一段时间又多做过几次练习后，我开始能有一些放松的感觉。前前后后我总共花了两三年的时间，才开始能完整地完成30分钟的稳定练习。我一直相信我们的身体和头脑蕴藏着太多东西，远比药物能提供的帮助要丰富得多，所以我非常高兴我最终能顺利地挺过来。

我的练习仍然算不上非常规律。我的日程经常会被打乱，无法安排出规律的作息。我发现掌握多种技巧会非常有帮助，比如行禅（walking meditation）或慈悲练习，这样我就可以根据当天的时间安排和具体情况来调整我的练习。比如在与朋友交谈时，我可以练习完全专注地倾听和临在。这很有趣，因为它让我意识到了很多从未注意到的事，比如，我的情绪反应可以那么强烈。我也经常在开车的时候练习正念驾驶。如果刚好遇上堵车、感到烦躁，那么这又是一个练习的好机会。而最近，我练习的动机发生了些改变，因为现在如果几天不练习，我会感到非常不好，所以如果不保持规律的练习，好日子就会远离我。

问：这对你的生活产生了哪些影响？

答：现在当我和亲近的人争吵时，情况会有很大的不同。我能够意识到自己对他人的激烈情绪反应，我能够听到自己头脑里大喊大叫的声音。

"小点儿声！"我告诉自己。所以，我不会像以前那样容易激动。而我的朋友们也注意到了这个变化，她们对待我的态度也变得和以前不一样了。当然我的状况不稳定，这也让我时不时地感觉有些内疚，但相比以前已经好多了。

另外，在工作上，正念练习对我在中风康复方面的临床工作也有很大帮助。当绝大多数人被告知"你中风了，可能再也不能像以前那样走路了"时，他们都会感到很艰难。他们会崩溃、哭泣，会生气或者拒绝接受这个现实。如果你能对他们说"好吧，让我们坐下来聊聊"，情况会变得很不一样。

问：你会给别人怎样的建议？

答：你得先亲自尝试一下，然后慢慢找到适合的方式。一开始可能会有点儿无聊，但确实会有效果，会变好，所以一定要坚持下去。不要因为一种方法效果不太好或不喜欢某个老师而放弃。你必须找到自己的路。

亚历克斯：PTSD 与创作灵感

亚历克斯是一位对原住民课题感兴趣的作家，最近刚顺利步入婚姻并成为一位母亲。[5] 五年前，她正与创伤后应激障碍（PTSD）做斗争，那时的生活要混乱得多。

问：你是如何开始并持续练习正念的？

答： 作为写作和研究工作的一部分，我曾经在加拿大北部詹姆斯湾沿岸的原住民保护区待过一段时间。那里是一个生活很难的地方，我目睹了儿童被虐待、青少年自杀，还成了当地仇恨同性恋者的目标。我试图帮助别人，但却发现最先感到无助的是自己。看到那么多极端的绝望，最终我自己也被伤到了。回来后，我一直遭受记忆闪回的折磨，所以我预约了一位专门治疗 PTSD 的专家，排队等待与他见面。幸运的是，我当时的朋友杰夫·沃伦（Jeff Warren）正在教授正念。我参加了他为期八周的正念课程，学习了多种不一样的技巧。之后我就开始每天花 15 分钟进行练习。那一年的晚些时候，我又参加了一次为期一周的静修，经历了一次强烈的体验：我感到自己胸部被压了很多的东西，于是我就持续地在胸部那个位置聚焦了两个小时，然后我感到自己的胸腔能慢慢打开了。

我挺幸运的，在情感和身体层面上都能够马上体验到正念带来的效果。现在，当闪回的记忆出现时，我能与它们共处。我发现自己经历的反应强度也开始下降了，我能将闪回的经历拆解为思维、视觉和身体感受上的体验，这样一来便不再那么难以忍受。我之所以一直坚持练习，就是因为它确实缓解了我的闪回症状。我还最终停用了抗抑郁药物，以及因为哮喘而服用了五年的类固醇。

现在，我每周和一个本地的团体一起静坐一次。我发现有别人的支持真的很重要。就我个人而言，大部分的日子我每天都会练习20~30分钟。如果遭遇艰难时刻，我会尝试在周末坐满90分钟。现在我已经离不开它了，就算只错过了两天，我也会感到不自在。在练习正念时，我感到自己的思想就像是一条溪流，我坐在岸边，努力不被故事的波澜卷入其中。

问：这对你的生活产生了哪些影响？

答：非常有意思的是，在学习正念后，我经历了写作上的大爆发。职业作者都明白，能以客观中立的态度看待手上的资料是一种必备的能力。头脑里喋喋不休的小声音会让人分心，而我现在已经知道该如何不被卷入其中。

就个人而言，我不再害怕做任何事——不管发生什么，我都知道我有办法应对。当有人指责我时，我能够看到我的反应是如何在身体的感受层面发生的，然后我就可以任由它发生而不被它干扰。对于结果，我也不再像以前那么执着了，因为有太多的因素会超出我能掌控的范围。当我感受到自己真的"生气"了，我就知道自己的状态已经不在当下，而且可能还会做出糟糕的决定。总之，我只需尽力而为，无须攥紧双手。

总的来说，我感觉自己变得更冷静、更专注，也更了解自己潜意识里的真正动机。我能捕捉到自己的想法并发问："这真是我想要的吗？"朋友们反馈说，我没以前那么冲动了。我是个极度感性的人，以前，我也经常做些什么来释放这些情绪。但现在，我能够觉察到有情绪正在升起，但我又无须采取行动。我同时意识到这背后的很多驱动力并非发自真心，这真是很好玩。一种轻盈感开始显现。

问：你会给别人怎样的建议？

答：学习正念就像学拉小提琴——刚开始时一定是非常糟糕、没法听的，你会觉得自己永远都无法成为一名真正的提琴手。指望自己的提琴演奏能在一个星期内就从"锯木头"状态提升到交响乐团提琴手的水准是不可能的，但只要你听过好的音乐，就知道自己要去往哪里。正念练习也是这样。刚开始你会感觉自己完全是在浪费时间，但慢慢地，情况就会变得好起来，所以不要对自己太过苛求，可以用一种游戏的态度来对待它！你无须相信任何东西，只需要对自己脑中发生的一切再多了解一点。

芭芭拉：ADD 创业者的事业低谷

芭芭拉说话很有力度也很直率。利用自己在护理和金融方面的背景，她创办了自己的医疗保健公司。公司取得了很好的成绩，成为州排名前 50 的公司，并获得最佳雇主奖，她为此深感自豪。五年前,她的一名员工离开了公司,同时带走了公司许多商业机密以及最大的客户。芭芭拉觉得自己必须要保护这家企业以及在那里工作的60名员工,于是提起了诉讼,也正是这个工作上的挑战促使她找到了正念。

问:你是如何开始并持续练习正念的?

答:为了我自己,也为了我的员工们,我必须保护公司免于破产。那段时间我压力特别大,我知道自己必须要有一些东西来保持情绪健康。为了不再被自己惯常的愤怒模式控制,我找到了一名治疗师,她同时也教授正念,她为我注入了这样的信念:如果我是认真的,那必须坚持每天练习正念两次,每次20分钟。

我确信自己应该是注意力缺陷障碍(attention deficit disorder,ADD)高活跃人群的一员:我的大脑是如此活跃,以至于我通常需要花上几个小时才能让它平静下来。起初,我不得不在家中一个单独的安静的房间里练习,还需要听特定的录音带并保持周围没有其他干扰,即便是这样,五六个小时后,我才能感觉获得几分钟的平静。但我必须学会如何让大脑安静下来。在诉讼进行的七个月里,随着更多的练习,情况开始有所改善。

我们最终赢得了诉讼。但我也意识到,要消化所有的成本并恢复到原来的业务水平,我们还需要很长的时间。我们的核心员工都拥有公司股份,所以,成功不仅仅是为了我。在这整个恢复的过程中,我一直能保持平和的心态,无论什么结果都能欣然接受,这种状态帮我带领团队一起走出了低谷，再次走上成功之路。

现在，当我练习时，我可以很快进入那种平静、流动的状态。我会使用各种技巧，比如静心练习（calming practices）、感恩或呼吸练习，多管齐下应对我焦虑的大脑。静心是一种随时随地都可以进行的练习，它能让你感受到世界是多么宽广，我们所有人之间的联结是多么紧密。我每天还会通过一些简单的动作来练习临在，有时只是告诉自己："今天我每次洗手时，都会安住当下。"

对于像我这样头脑过分活跃的ADD人群来说，正念必须与特定的活动联系起来。类似于仅仅"跟随你的呼吸"这样的技法可能并不太管用。可能还是得先从提升专注的练习开始——在能够集中注意力之前，我们是永远不可能变得清晰平静的。

问：这对你的生活产生了哪些影响？

答：通过练习，我能在整个诉讼期间保持情绪稳定，这帮我安然度过了这段充满挑战的日子。可以说，我把自己所有的精力和能量都倾注到这个案子里，最后也并没有因此而心生怨恨。我的律师说，一般人处于类似的情况下，都会遭遇巨大的情绪挑战，甚至是情绪崩溃，正念帮我逃过这一劫。

诉讼结束后，我感到自己在这方面应该有更多的了解，所以在三年前参加了一个正念减压（MBSR）的培训课程。现在，我每月都在家中带领着社区里的女性练习正念：我们每次练习大约40分钟，然后一起吃晚饭。这是我人生中非常美妙并充满能量的部分，大家都说这改变了她们的生活。我有一位朋友罹患绝症，但当我们坐在一起的时候，她却化身为一盏明灯；还有一位女士，她的丈夫离开了她，她并没有被击倒，却借此变得更好。

正念改变了我。我对正念的所有投入都以一种永久的方式重塑了我的大脑。以前，能够坚持完成任务对我很有挑战性，我甚至无法吹干头发并将吹风机放回同一个地方，到现在，我能够非常有目的性地完成它们。我曾经患有严重的纤维肌痛，最严重的时候甚至无法使用打蛋器。现在我已完全康复，几乎不记得以前还有那么多做不了的事。朋友们也看到了变化，他们说我更富有同情心、更冷静、更能关注到细节。正念让我的生活变得美好、充满活力并富有意义感。它让我以一种更轻盈的姿态在商业世界中徜徉，也让我意识到世界有多大，我们所有人之间的联结有多么紧密。

问：你会给别人怎样的建议？

答：对于像我这样的 ADD 人群，我不建议大家像我当初那样，一开始就盲目猛练！忙碌的头脑仍然需要保持忙碌，所以我会从一些简单的日常活动开始，在这些活动中培养专注：比如尝试在每次洗手时保持在当下。正念不容易，但它确实有益。当人们在说自己做得不够好的时候，实际上是在说自己只是普通人。没有人一开始就是大师，大家都需要练习。起床就跑马拉松，这是不可能的。每天前进几步，时间会把所有的努力都攒到一起去。

布莱恩：痛与"通"

布莱恩的举止让人感觉安静稳妥，他会时不时机敏地微笑或眨下眼。在 61 岁时，他每周仍然能够毫不费力地投入 60 小时在自己的电影事业上。与他面对面，你丝毫看不出他在生活中正经受折磨。布莱恩年轻时就开始打坐，先是从探索意识状态的变化开始，后来慢慢转向禅宗风格的正念练习。他发现这些练习能帮助他度过生活中的艰难时刻，感受到更强的目标感、联结感和对生活更深层次的热爱。所以，当 2012 年 4 月头痛开始出现时，他已经有了一些可以依靠的东西。

问：你是如何开始最近的正念练习的？

答：我当时正在完成一个视频制作项目，然后就开始感觉到严重的头痛，并很快发展成全面的非典型三叉神经痛。

三叉神经痛是一种慢性疼痛，会影响面部和大脑的感觉神经。即便是非常轻微的刺激，例如刷牙，也可能引发剧烈疼痛。虽然初期的疼痛症状可能持续时间很短，但它们有可能会恶化发展，导致更长时间、更频繁的灼痛发作。三叉神经痛的治疗通常是通过药物、注射或手术。

而我的头痛属于非典型版本，非常罕见，也没有太多现成的研究结果。得了这个病，人们会想尽各种办法来结束这种痛苦，甚至包括结束自己的生命。这就是为什么它被称为"自杀性"的疾病。

我确实尝试了一些药物，但它们让我感到不适、与现实脱节。我无法再继续工作了，执行能力也消失了。我说不出话来，几乎无法思考。我被迫停止工作，靠积蓄生活。这种疼痛非常剧烈，我无法让头部接触任何表面，即使是枕头也不行，因为那也会引发强烈的痛感。所以在五月份，在头痛开始一个月后，我尝试从数息开始恢复正念练习，想看看这会不会有所帮助。我发现，当我将全部注意力集中在呼吸上时，疼痛变得可以忍受了，但我一停下来，它又回来了。我每天持续这么做长达 20 小时，只是为了能挨过这样的煎熬。每分钟都非常疼，再加上焦虑——它和疼痛同等难熬。这难道就是我的命运吗？我的选项太少：要么通过药物和手术把自己变成一具活僵尸，要么就这样一直忍受，要么以自我了断来结束这痛苦的人生。

因为我自己也是一名治疗师，所以知道自己当时确实是需要别人的帮助了。于是我找了一位专注于处理创伤后应激障碍（PTSD）的心理学家，他向我介绍了杨真善老师的看听感科学正念体系，也是从这里，我得到一个非常有价值的信息：痛苦（suffering）= 疼痛（pain）× 抗拒（resistance）。如果我能减少对疼痛的抵抗，那我实际感受到的折磨也会减少。为此，对于痛苦，我可能需要采用一个不同的策略：从逃避变为转向并面对它。

因此那天晚上，我躺在床上，决定"来体验一下不抵抗"。当疼痛来袭时，我不再通过专注于呼吸来转移疼痛感，而是将自己转向体验疼痛本身，并尽我所能地保持放松。过了一会儿，我忽然感到脚趾尖有一股轻微刺痛,然后,这种感觉开始在整个身体上下来回游走,我整个人都被一种由此带来的神秘快感反复冲刷。刚开始我很狐疑:"发生了什么?是真的吗?"就好像是在回应我的疑问似的,这种体验又来了,而且还持续了相当长的一段时间。如果说疼痛让我这段时间一直活在生活最痛苦的那端,那么,这次我感到自己像是忽然来到了另一端。再后来,疼痛感又回来了,但似乎已没有那么强烈了。我意识到我刚经历了一次高峰体验。如果想要让它长久地发生,我必须为此做出努力。

于是,我开始定期练习类似的方法,包括参加好几次持续一周的长时密集静修。当我坐下来练习正念时,我便感受不到痛苦。后来,我学会了如何将这些方法带入日常生活,我的大脑开始被重塑,我与疼痛的关系也发生了实质性的改变。我完全掌握了"通"的技能(见第6章)——因为每当我做不到时,就会立即被疼痛击中!

问:这对你的生活产生了哪些影响?

答:现在我又开始工作了,每天我在自己的电影事业上持续工作12~14小时。大家会说:"你真的是一台机器,任何其他事都不能让你分心,除非你愿意。"我将自己培养的专注能力自然地迁移到了工作中。当我工作时,疼痛就在那里,但当我运用聚焦"外"的技巧时(见第8章),疼痛会转移到意识的后台运行,不会干扰到工作中的我。当我停止工作时,疼痛还是会回来,所以那时，我就必须通过练习来处理它。也正是这要命的疼痛让我能完完全全地活在当下。

在其他方面，我也发生了很多变化：我太太说我的理解力和勇气都增加了——说到勇气，那是因为对于这要命的疼痛，了断生命永远会是一个选项。我以前与人相处时会经常兜圈子，现在的我变得诚实，也更直接，不再忍气吞声，强迫自己承受。我曾经对人类这个物种感到非常愤怒，甚至绝望，但现在我能保持耐心并更有爱心。在正念里，你开始能看到更多的真实，也包括那个真实的自我。

问：你会给别人怎样的建议？

答：我们每个人都在变老，我们会不得不面对自己的健康问题或是亲人的离去，这些都是衰老带来的变化和挑战。我们可能已为此做好了准备，但也可能没有。人不可能每天都幸福地笑着，如果没有能力应对苦难，有些人可能一生都会生活在悲伤中。正念并不是为了让人变得麻木，而是让你能够充分体验所有喜怒哀乐的情感，既不试图强留，也不试图推开它们。糟心的事肯定会有，掌握正念的能力能帮你好好应对和处理它们。你在日积月累的练习中所培养的能力——守、清、通（见第6章），能让你在日常的各个方面都有机会活得更好，无论是在工作里，在运动中，还是在为人父母时。

詹姆斯：急诊科医生的"同情无力症"

詹姆斯是一名游历过世界的急诊科医生。他年轻时曾在亚洲旅行，被佛教哲学所吸引，便从数息开始了自己的正念练习。他有过一些深刻体验（感觉自己与上帝同在），也知道自己的生活被某种深刻的方式改变。后来，他回到了住院医生的岗位，吃住在医院，每天都是全天候地忙碌工作。他曾经尝试和一位同事互相鼓励着找时间打坐，但在这种环境下很难坚持。在搬到另一个城市后，正念练习就几乎从他的生活里消失了。

2007年，詹姆斯参加了全球医疗和人道主义救援组织"无国界医生"的工作。那是一份在苏丹边境城镇阿卜耶伊为期六个月的工作。当时，这个小镇正处于地区边界冲突中，他每天除了要治疗营养不良的儿童、应对麻疹，还要随时注意躲避战争中的危险。巨大的需求和资源的匮乏让他精疲力竭，离开那个项目回到家时，他发现自己受到的影响远比预想的要大。他也把自己在苏丹六个月的经历写了下来。[6]

问：你是如何重新开始练习正念的？

答：这次，我有了一个具体的理由。一位朋友问我："你要如何保持写作这本书的初衷，而不被可能发生的外界关注干扰？"正念练习帮我能够尽可能客观中立地讲述这些故事，与我从事人道主义工作的初衷保持一致。

2011年，我再次为无国界医生组织工作。这次是在索马里，我想看看自己是否能全然参与，但又不被这项工作的负面影响击倒。于是我坚持每天打坐，一天两次。难民营里很少有安静的时刻。我一般在早餐前花一个小时进行正念练习和瑜伽，然后在早上的晚些时候，在天气变得异常炎热、工作开始忙碌之前，再多挤一点时间出来进行第二次练习。那时，我开始使用一些看听感正念的方法。它让我能够在不降低工作质量和同情心的同时，仍然保持高效。无国界医生的工作会成为我内心巨大的力量源泉，但同时，我仍然能够展现脆弱的一面。和当初离开苏丹时不同的是，我能够全然体验并释放自己的悲伤，然后不带遗憾地离开这里。

作为急诊科医生，我每天早上都会做正念练习。在晨间咖啡以后，我会花20～40分钟时间，使用多种方法进行正念练习。我会和爱人一起打坐，所以体验会更好。但我感受到的最重要的影响，来自每天此时彼时的正念时刻：也许是在沿着走廊走向病房的时候，或是在急症手术前，为与家属的困难对话做准备的时刻。

问：这对你的生活产生了哪些影响？

答：想象一下，你能够在生命中的每一刻都保持真正的清醒！我觉得可能没有比错过这样的机会更让人觉得可惜了。另外，人们都在谈论医生变得越来越铁石心肠、冷漠和无动于衷，但我发现自己仍然能对他人和自己保持爱心和宽容。尽管眼见了很多痛苦，但我可以没那么沮丧；我感受到一种超越头脑智识的谦卑：人的一生是多么短暂，我们永远都不可能理解这世间的所有。

问：你会给别人怎样的建议？

答：就像所有你想要取得进步的事情一样，正念能力的提升需要投入时间和精力。现实就是，并不是每个人都会有立竿见影的效果。"通"的能力一个人早晚都得掌握，它是个人成长的一部分。试着每天至少坐一会儿；你也可以找一位老师，以便在需要的时候给你指导，或加入一个社区来支持自己。尝试寻找生活中的微小变化，不仅是来自你自己的发现，也包括他人对你的反应。有没有一些过去让你感觉有挑战的事情，现在变得轻松了呢？是不是你不像以前那么容易一惊一乍了呢？如果是这样，那就保持住那个方向。如果在正念的过程中体验到了宁静，那就任由自己浸润其中。你需要不断创造机会来打通新的神经回路，但最终的目标不是达到某种特殊的状态，而是成为能在生活中、在行动上践行高尚的人。

莱拉：职业难题与饮食挑战

莱拉30多岁，在一家繁忙的通讯社上班。这并不是她第一次在这里工作，十多年前她首次加入后不久便离开了，去实践她对教育和社会正义的热忱与追求。她先去师范学校拿了个学位，但毕业一年后却仍然没找到工作——那个时候，1/3 的毕业生都无法在教育系统中找到稳定的职位，她刚好遇到了这轮就业困难。后来，她找到一个合同制的职位，去一所低收入社区的学校负责一些项目，但她上班第一天的任务就是处理两场参与人不同的打架事件。这份工作薪水微薄，付房租都不够，更别说其他日常开销了。在这种压力下，她发现自己以前酗酒和饮食混乱的旧习又复发了。最终，她又回到原来的通讯社。金钱上的问题算是暂时得到了解决，但令人失望的是，她感觉自己可能永远无法去从事内心渴望的职业了。

莱拉第一次接触正念是在孩提时代。"当我还是个孩子的时候，我父亲曾试图让我练习正念，来应对考前焦虑。我当时觉得这可能是世界上最愚蠢的想法了。"她说道。

高中的时候，她阅读过一些有关佛教的书籍，大学里也参加过几次静修。有趣的是，莱拉尝试着去不同的正念小组体验，也尝试过一个人练习。但由于日程的繁忙，她的练习一直是间断不规律的，直到遇到一个对的团体后，转折发生了。

问：你是如何开始并持续练习正念的？

答：一天在健身房里，一位女士走过来问我："你打坐吗？"我回答道："我尝试过，但不算很勤奋。"

"好吧，我想你应该去意识探索者俱乐部看看。他们不太一样。"她说道。

意识探索者俱乐部位于多伦多时尚而袖珍的意大利街区，其定位是一个非营利性的正念智库和社区中心，通过正念和社交来支持个人成长。有的人参与正念的主要动力来自找到一个对的社群,我就是这种类型,我在这里找到了一直期盼的伙伴们。

我开始每周上课,差不多花了一年时间养成了自己在家中独立练习的习惯。有一天,我和一个朋友去上课,但发现我搞错了时间,那天中心不开门。于是我和朋友去了公园,我引导我俩完成了一个小时的正念。随后我问自己:"干吗不多做点类似的事呢?"

我仍然会觉得每天坚持练习是一个挑战。早上醒来,我的第一件事就是先做一次简短的练习,睡前再做一次。除此之外,一天里我也总能在其他时间找到几个正念时刻,比如,骑车上班时,我会尝试在整个骑行过程中进行正念练习。我也会尝试每周完成几次20~30分钟的静坐,但并不算严格。

生活中安排一个小小的提醒真的会很有帮助。我有一块漂亮的心形小石头,现在放在电脑旁边,每当我感到紧张或恐慌时,它提醒我花一秒钟找回呼吸,然后让这些感受自由地穿过我。我想,是每天发生的这些小瞬间给我带来了最大的影响。

问:这对你的生活产生了哪些影响?

答: 变化很大,主要还是围绕"我与自己的关系"发生的。我发现内心有某一个"自我",总是强迫自己对每件事都思量再三,瞻前顾后。现在,当那个自我出现时,我只需先放松,再将它拆分成视觉、听觉或身体感受这些不同的感官体验,它就会慢慢消失。感到紧张时,我也学会了观察自己的身体:肠胃、胸口或头部有什么感觉？然后，配合呼吸，我也可以做到任由那个感受出现、停留、离开。我一直算是个焦虑的人，还曾有人劝我适当使用一些药物。但我觉得没有必要，还是正念比较适合我。

觉知是改掉任何坏习惯的第一步，比如我曾经有暴饮暴食的坏习惯。当你能够觉察自己的感受并了解背后的原因时，你原有的自动响应模式就能被打破。

过去10年，我一直像是生活在旋转木马上，现在，我的朋友和家人都说我慢了下来；我的压力更小，也更脚踏实地。我所有的人际关系都改善了，我也能更多地享受生活中的小确幸。结账排队时，我不再动不动就气急败坏、火冒三丈，而是能开始与身边的人交换微笑，或欣赏蔬菜的美好。我的生活变得有滋味了。

问：你会给别人怎样的建议？

答：对我来说，团体的支持非常重要。当朋友们想尝试时，我总会告诉他们，不要为了获得一种特定的体验而给自己施加过多的压力，因为每个人的体验都会是不一样的。就像锻炼一样，你没法一蹴而就。以一个稳定的节奏持续地努力，就一定会看到成果。你可能会在某次练习中遭遇人生中最痛苦的45分钟，但它所带来的效果可能要到这周的晚些时候才能被感受到。保持开放的心态，多尝试些不同的技术，并挑选对你最有效的那一种，这就是我的建议。

以上这些，都是如你我般普通但又各不相同的人，在面对各自完全不同的挑战时所真实经历的。到底是什么带来了如此广泛而多样的成效？对一些人来说，是情感包袱的放下：这些包袱有的来自环境的磨砺，有的来自重要的人生抉择，也有的来自替代性创伤；对另一些人来说，这是为身体不适或极度疼痛找到的出路；还有一些人借此穿越了表层的情感波澜，寻到了心灵深处稳定平和的源头。当如此简单的干预手段带来这一系列的强大效果时，大脑、身体和心智中到底发生了什么呢？我们将在接下来的两章中探讨这些主题。

第 3 章
大脑与身体的变化

Mind Your Life

第 3 章　大脑与身体的变化

正念并非新生事物，无论来自哪种传统，这些技巧通常都已经历千年实践，最初是作为某种宗教修行的一部分由僧侣或修士修持的。我们现在所说的正念"现代化"更多的是指：有越来越多的普通人（而不是来自特定宗教信仰的人士）开始练习正念，并让对这些练习群体的科学研究成为可能。这些年来，神经科学领域的进步推动了这些研究的发展，特别是功能性磁共振成像（functional magnetic resonance imaging，fMRI）和脑电图（electroencephalogram，EEG）等检验手段及相关设备的运用。发表在科学期刊上的正念相关的研究数量从 1980 年的几乎为零，激增至 2015 年的 674 篇，其中同行评审的研究数量达到 661 篇。[7]

必须感谢卡巴金博士的开创性工作，他是 MBSR 的创始人。[8]他也是将正念世俗化的第一人，在几种传统正念技法上开发出适合大众的正念练习体系，并尝试去除了传统正念的宗教意味，以及各种严格教义和仪轨的要求。他一开始先在临床中引入正念，用于缓解病人的慢性疼痛或压力引发的各种紊乱。马萨诸塞大学医学院的正念减压诊所也成为首批进行相关临床研究的科学机构之一。

关于正念的第一代研究初步建立了正念练习效果的可信度，但也经常会受到挑战，包括样本量过小或样本不具代表性的问题（比如把每天花大段时间进行正念的佛教僧侣作为研究对象）。现在，第二代研究正在通过改进研究方法来回应这些挑战，包括运用一些专业的临床试验中的通用方法，比如随机取样或设置对照组等做法。今天，人们对正念效果的认可已进入新阶段：英国议会组建的正念专题组（Mindfulness All-Party Parliamentary Group）自信地宣布："正念在解决人们的心理危机中正扮演着重要的角色，而这类心理挑战每三个家庭中就有一个家庭的成员正在经历。"[9] 那么，这些正念的科学研究到底告诉了我们什么呢？

脑力再塑：恢复你的注意力和幸福感知力

我们现在已经知道，大脑的结构会因人的经历而发生变化。这种神经元模式的变化能力被称为神经的可塑性，是大脑应对各种外部刺激后的反应。这就像每位伦敦出租车司机都能从一次次城区复杂的新路线穿行中提升自己的认路能力一样，正念练习也会让你的大脑发生改变。已有的科学实验结果证明，正念练习可以在大脑中产生可测量的结构和功能性变化：与压力、焦虑和神游（mind wandering）相关的大脑区域会变得不太活跃；而与认知控制和积极情绪相关的大脑区域则会增加活跃度。

- 耶鲁大学的一项研究发现，正念练习会降低大脑中负责神游和自我参照性思维（self-referential thoughts）区域的活跃度。这个区域也被称为"自我中心"（me centre）或"默认模式网络"（default mode network，DMN）。当我们的头脑不处于集中注意力进行思考的时段（比如胡思乱想时），这个区域会比较活跃。而且，这个区域的激活往往与不愉快回忆和对过去、未来的担忧有关。[10]

- 哈佛大学的莎拉·拉扎尔（Sarah Lazar）和团队研究证实，八周的正念训练会增加海马体皮层厚度（海马体是大脑中控制学习和记忆功能的区域）；而脑中负责情绪调节和自我参照性思维的区域也被发现发生了类似变化。他们还发现脑中杏仁核（amygdala）部位的细胞体积会减少（杏仁核是大脑中处理恐惧、焦虑和应对压力的部分），而且参与者在项目结束后报告感到压力减轻。一个后续的研究发现，这些正向心理变化与上述相关脑部区域的改变相关。[11]

- 正念练习的一个核心效果是提高专注水平，加州大学圣芭芭拉分校的认知神经科学家迈克尔·姆拉泽克（Michael Mrazek）博士的研究证实了这一点：几周的正念练习能让 GRE 考生提高注意力和记忆力，帮助他们在测试的语言推理部分得到相当于 16 个百分点的成绩提升。[12]

另有一些侧重于长期影响的研究：

- 加州大学洛杉矶分校的一项研究发现，长期练习正念者的整个大脑灰质层的减少会减缓甚至停止，这表明正念能帮助抵御衰老带来的皮质层变薄。[13]
- 威斯康星大学麦迪逊分校的理查德·戴维森（Richard Davidson）博士的研究证实，长期练习正念者的大脑中与心理复原力相关的神经回路会发生变化，并通常能更快地从杏仁核唤起中平复，但这可能需要 6000 到 7000 小时的累计练习时间才能实现。[14]

还有一些较新的研究比较了正念组与对照组的效果：

- 2016 年 1 月，卡内基梅隆大学对 35 名失业人士进行了为期三天的集中培训：一半人在闭关中心进行了三天的正念练习；另一半人则进行放松训练。三天结束时，每个人都报告感到压力减轻。然而，后续的脑部扫描显示，只有那些参加了正念练习的人才产生了脑部结构的变化。四个月后，尽管已几乎没人继续练习了，但与放松组相比，正念组参与者的血液检验结果中炎症标志物的指标却保持在更低的水平。[15]

减轻压力并提升整体身心健康

有非常多的研究结果证实，正念练习能够对多项影响健康的因素产生显著的积极作用，包括压力、疼痛、消极情绪和焦虑等因素。现在,有越来越多的临床医生建议将正念练习作为正式治疗计划的一项。

- 约翰斯·霍普金斯大学的一项研究发现,正念可以减轻抑郁、焦虑和疼痛的症状,与抗抑郁药疗效相当。[16]
- 波士顿大学的一项元分析(meta-analysis)研究发现,针对更大的样本量,正念练习对被诊断患有焦虑障碍和情绪障碍的患者会产生显著的调节效应。[17]
- 同样是采用元分析方法,一篇于2014年发表在《美国医学会杂志》(*Journal of the American Medical Association*,JAMA)上的正念研究发现,正念练习能够在多个方面缓解负面心理状况,包括焦虑、抑郁和疼痛,效果从轻微到中等不等。[18]
- 正念认知疗法(MBCT)把正念练习与认知行为疗法相结合,已被证明可有效预防抑郁症复发,因此"不列颠正念国度"(Mindful Nation UK)的报告建议将MBCT列入英国国家公共卫生服务内容中,供有抑郁症高复发风险的个人选择治疗。[19]
- 发表在2014年11月出版的《疼痛医学》(*Pain Medicine*)杂志上的一项研究发现,即使在完成正念减压(MBSR)培训两年后,参与者仍然明显对慢性疼痛有更好的承受力和自我控制能力,并显得更有活力。[20]
- 加州大学洛杉矶分校正念与意识研究中心转载的一份2007年的研究报告表明,即使只是参加了总共连续五天每天20分钟的正念练习项目,参与学生报告的焦虑、抑郁和愤怒程度都比同期参与放松练习项目的学生要低。[21]

培养共情能力和积极的人际关系

在正念练习里，我们总是会鼓励一种好奇和善意的态度，还有一些特定的练习是用来刻意培育正向因子的。这些方法对我们的大脑和实际行为都会产生影响。

- 2008年的一项研究表明，在长期正念练习者的大脑中，检测情绪线索的区域会更加活跃，说明他们有更强的共情能力。[22]
- 在线学习网站Headspace曾引用2013年的一项研究指出，与没有练习正念的人相比，完成八周正念练习的人在现实生活中表现出更多的慈悲和同情行为，超出幅度可达50%。[23]
- 同样是来自Headspace所引用的报告，2008年的一项研究发现，与正念相关的自我意识提升和更多的非评判性自我接纳能够带来更好的人际交流效果和感受，并减少社交焦虑。[24]

从这些生理学的研究中，我们能得出什么结论呢？我们知道了正念练习会让大脑发生可验证、可测量的变化，并能改变压力造成的脑部变化。虽然理论和实验结果还不足够多，还不能让正念像处方药那样被方便地使用，但对许多人来说，了解这些研究结果就已经让正念练习效果变得看得见、摸得着了。

当然,你并不会在练习的时候感觉到自己大脑的自我再造,但随着时间的推移,你会通过自己的态度和情绪的变化,发现自己的心理正慢慢改变。接下来就让我们来更深入地看看这些心理变化。

第 4 章

强健你的"复原肌"

Mind Your Life

第4章 强健你的"复原肌"

在第2章的故事里，凡人英雄们都认为正念帮助他们更好地应对生活挑战，品尝生活的圆满滋味。在直面压力或创伤的过程中，他们也逐渐发展出了自己的复原力。

当我们在面对外力或变化需要进行自我调整或回应时，心理压力可以被看作此时的一种自然反应。这些反应可能表现在体感、精神或情绪上。所以压力是生活中再正常不过的一种存在，也是大自然对我们身体的一种精妙设计。它可以让我们保持警醒，趋利避害，并随时准备好应对各种挑战。然而，压力也有另一面：当我们不间断地经受它的刺激，没有间歇、缺乏休息，它便会对我们的身体产生负面的作用。如果得不到缓解，持续的压力就变成内心的痛苦，会让人的身心都付出沉重代价。压力会诱发头痛、高血压、心脏病、糖尿病、皮肤病、哮喘、关节炎、抑郁和焦虑，并带来很高的社会成本——据估计，每年压力带来的影响给美国工业造成的损失超过3000亿美金。

那为什么不同的人对压力会有不同的反应？这和我们每个人的复原力相关。强大的复原力可以让我们在经历压力时将其化为自我成长的促进因素，而不是陷入绝境或不知所措的痛苦中，在废墟之上仍可以云淡风轻地说出"这或许是我最好的经历"。我们该如何才能修炼成为这样的人啊!

"**复原力**"是指在应对威胁或挑战时能够自我恢复、适应和成长的能力。

它是一个相对复杂的概念,既涉及外部因素(诸如家人朋友的支持),也和我们内在资源的多寡相关。所谓内在资源既包括先天特质,也有可发展的后天能力。所以,即便是天生的乐天派,你也仍然有机会在后天继续积极培养和提升这项能力。拥有强复原力的人也会遭遇负面情绪和压力的袭击,但他们已经学会了如何在危机中驾驭自己并安全着陆。他们是如何做到的呢?他们强健了哪些"复原肌"而变得复原力满满呢?

就像人的三头肌分前、中、后束,强健的复原肌也必然是能够被细分并各有所长的。综合我个人的教练经验和正念经历,在已被广泛接受的复原力评估工具[25]的基础上,并参考成人发展领域的实证研究,我总结了七项核心复原力,称其为复原肌群的"七块肌肉"。这些能力合在一起,将帮你构建稳定的内在心理支撑,让复原力能够不断借此蓬勃生长。那么,这七块复原力肌肉与正念又有什么关系呢?

正念：增强复原力

我想提出并希望在接下来的段落里证明的观点是：正念练习对每块复原肌的强健都会起到支持作用，就像一剂能更快冷静大脑、平复情绪的疫苗。疫苗的作用原理是通过将少量安全剂量的可能对身体有害的物质注入人体，刺激免疫系统工作，从而达到抵御疾病增强身体恢复能力的目的。现在，也有人会质疑疫苗的有效性或安全性。我的看法是，了解并解决疫苗接种的潜在副作用很重要，但对于广泛的疫苗接种计划带来的好处，我们绝大多数人都已享受到并认可了。世界卫生组织都说了：对于我们的身体健康，除了清洁水源以外，也许没有比接种疫苗预防传染病更重要的措施了。

正念的工作原理与疫苗有些类似。刚开始练习的时候，你会感觉很多做法有些奇怪，甚至是反直觉的。但这些练习都是安全、低风险的，能够激活你内在的心智和情绪复原机制，并让它们得以持续工作起来。假以时日，在正念时经受锻炼的复原肌日益强壮，慢慢地就能在你的日常生活中自然而然地发挥作用——特别是在你突然面临重大人生事件时，这也正是你最需要它们发挥作用之时。正念练习也可能会有所谓的副作用，所以也需要管理好"剂量"，配合正确的指导，并应当与合格的教练保持联系，特别是在重要节点上。

我总结了七大复原肌，下面我们就来详细聊聊它们，以及正念练习将如何帮助你强健它们。前五种复原肌帮你在面对压力或创伤时能更快恢复,后两种则支持你提升调适能力并成长蜕变,更好应对人生挑战。

抗挫复原

让我们通过呼吸这一在正念里最普通的基本练习来探索这七大"肌能"。在正念里,把呼吸当作工作对象并不是唯一的练习方法(在第7章到第9章中我将介绍更多其他方法),但这些不同的练习和技巧背后的机制都是一致的。下面是一段最常用的呼吸练习引导语:

请将意识集中在自己的呼吸上,注意吸气和呼气时自己的感受。在下一次呼吸时重复这样的专注。不要评判你的呼吸,或试图以任何方式改变它。如果你头脑里有任何想法出现,带跑了你的注意力,请让想法自由来去,再把注意力温和地带回到呼吸上。[26]

复原肌之坚持肌:挫折或失败过后继续坚持

一个有复原力的人在经历挫折之后往往更有勇气做出再一次的尝试。在心理测试中,这种坚持能力是衡量复原力的一个核心维度。俗话说得好:"从哪里跌倒就从哪里爬起来""失败乃成功之母",坚持不懈可以说是我们人类与生俱来的能力。我们既可以通过持续的"坚持"来增强这一天生的能力，也可以通过提升一些促进因素来发展它，比如练习在压力下保持专注、提高对困难情绪的处理能力、培养更强的个人控制力，等等。

正念有很多和"坚持"相关的练习。但凡你尝试把注意力集中在某件事上（呼吸、身体），你就一定会分心。这是百分之百肯定的！所以，前面的引导语中会这么说："如果你头脑里有任何想法出现，带跑了你的注意力，请让想法自由来去，再把注意力温和地带回到呼吸上。"走神的时候你该怎么办呢？只需要简单地把注意力带回来就好，持续这么做。每次将注意力带回选定的焦点对象上，你都是在锻炼自己的坚持肌。慢慢地，找回注意力会变得越来越容易，你也不再会把每次分心看作一次失败，而是一次锻炼坚持肌的机会。假以时日，你的坚持肌必定日益强健，发挥稳定且可信赖。

复原肌之专注肌：在压力下保持专注

面对挑战时，复原力强的人更能保持专注。我们都会经历"高压时刻"：面临迫在眉睫的最后期限、限定时间内的超多项平行任务，或是一次大型比赛、一场重要会议。我们并不是不知道自己该做什么，但却仍然会不可避免地感到焦虑、怀疑、担忧，甚至身体紧张。这些担忧和紧张情绪有时太过强烈，甚至让人手足无措，就像海浪重重拍击小船侧舷，船上的我们完全被溺水的恐惧抓牢，根本无法保持专注。我们已失去了内在的稳定，无法正常表现，完美发挥更无从谈起。在这样的情况下，即便有再多资源，我们也无法利用，有再高的技能，我们也无力施展。

关于保持专注的能力，正念里会有专门的练习。引导语里的第一句话就是关于专注的："请将意识集中在自己的呼吸上……在下一次呼吸时重复这样的专注。"正念练习打造的核心能力之一就是专注能力。你会明白：自己的意识将不再自由散漫不听指挥，经由训练后，它能成为一个得力"手下"，你想关注什么就关注什么，你想关注多久就关注多久。专注能力也可以是有层次的：它可以像鼻尖呼吸一样细窄，也可以像能包容下所有感官体验一般宽广。在正念的练习里，你首先可以在没有压力的情况下借助特定对象练习专注能力，慢慢地你就能在日常的生活压力中随时运用这项能力保持自己的稳定和专注了。

复原肌之消化肌：消化不良情绪

当遭遇威胁或挑战时，我们一般都会马上启动原始的情绪模式。问题在于，这些情绪将如何影响一个人接下来的行为。一个复原力强的人即使经历非常强烈的情绪，也不会被过度影响甚至引发行为扭曲。一方面，我们的情绪深深植根于大脑的边缘系统（limbic system），而其中的杏仁核充当了人体雷达的角色，时刻扫描周围环境中的危险信号，并在需要的时候立刻触发"战或逃"（fight-or-flight）的保命模式。当杏仁核被激活时，它会劫持大脑前额叶皮层（prefrontal cortex），使其无法工作。从神经学出发的一个测量复原力的指标就是杏仁核从这种高度唤起状态中恢复的速度（在前文中我们就提到长期练习正念者能够更快地从这种"杏仁核劫持"中恢复）。另一方面，让人脱轨的不仅仅是激烈的情绪，我们对自己日常情绪的关注和理解也是非常不够的，长此以往的影响同样不可忽略。你可能和我一样，从小就被教育不要表露某些情绪；或者担心如果完全放任自己过分沉浸在某种情绪中，会禁不住爆发、绝望、崩溃，或做出让自己后悔的事情来，所以最终选择拧紧自己情绪的"瓶盖"。

情商是识别和管理自己及他人情绪的能力。要想拥有高情商，首先要能意识到自己处于情绪之中并能够识别它是什么类型的。复原肌强健的人通常都有很高的情商。即使在强烈的情绪中（无论是他们自己的还是他人的情绪），他们都能够与这些情绪共处：知道情绪有自己的模式，最终会自然消退。他们通常能够很快识别出那是种什么样的情绪，并指出这种情绪具体是在哪些部位以身体反应的方式表现出来，以及到底是什么因素触发了这种情绪。拿我自己举例子：当有人批评我的时候，我就会生气，下巴紧绷。

正念练习可以通过多种途径帮你发展情商。首先，你先学会如何对正在经历的事情保持一种非评判的态度。来看一下引导语的第三句："不要评判你的呼吸，或试图以任何方式改变它。"这种接纳的态度可以帮助你培养"通"（equanimity）的技巧（详见第6章），既不抗拒也不执着于你正在经历的任何事情。"通"的能力可以被运用于非常多的场景，包括该如何处理正念时遭遇的情绪：如果感到愤怒，则不因此责备自己，不试图逃避，也不执着于它。"通"是一种非常关键的能力，它的作用不是改变情绪本身，而是降低情绪给人带来的感受烈度。当你能够真正面对自己的情绪，而不是压抑、否认或夸大它们，你就可以看清它们的本来面目。

另外，正念（特别是看听感体系）所强调的感官清晰度，能帮助你把复杂的情绪拆解开来。我们通常所说的感觉一般会由几个部分组成：纯粹的身体感受和你用来诠释这些感受的心理演绎。通常，这些部分会一起出现，相互交错，界限模糊。当你能够将它们拆分开（有哪些身体感受，有哪些脑中对话），你就有机会不被它们淹没。这有点像解绳结：起初看起来几乎完全不可能，但当你仔细端详，觅到下手处并耐心轻巧地处理，坚持不懈地工作，绳结必会松动并最终被解开。一般来说，在正式练习中体验到的情绪相对而言不会太强烈。随着你不断通过练习提高了自己处理普通情绪的能力，那么，对于可能出现的强烈情绪、长期压力、重大挑战甚至创伤，你必定也会准备得更充分并更能够应对了。

复原肌之联结肌：常与他人保持联结

没有人只靠自己就能完全复原。危机真正来临的时候，朋友、家人及友邻组成的强大社交网络，能为我们提供实在的支持。这也是一股强有力的复原力量。然而，不幸的是，我们当中有太多人在压力过大时会选择不与人接触。或许是我们都不太愿意暴露自己的脆弱面，或当我们被危机完全淹没时，已看不到那些向我们伸出的援助之手。

那么正念的练习者又能如何更好地与他人建立联结呢？在我看来有几种方法。正念的时候，当你专注呼吸（或别的对象）的同时，你的感知力会被增强，会对除了呼吸以外的其他东西也变得敏感起来：身体感受、脑中的喋喋不休，以及周围的其他声响。一方面，这些都可以算是干扰，这时候就需要用到能帮你保持专注的专注肌，和让你面对挫折不被打倒的坚持肌了。另一方面，无论是感受到的不适、喋喋不休，还是声响，都是"你"的洞察，那才是真正的你，与你在平时认识的自己不太一样。"你"正在正面遭遇自己内心发生的一切：有好的，也有坏的、丑陋的。通过正念练习，你更能面对并接纳自己的软弱和缺点，在现实生活中，也更放得下，更容易在必要时向别人求助。

正念中还有针对性的慈悲心练习，有意识地培养对自己、对他人的善意和爱心。这类做法中有一部分一开始会让人感觉有点尴尬——这也说明我们已经太久不愿主动与他人产生新的联结，都不习惯了。先在内心主动练习新的联结动作，意味着在需要的时候，我们就更有能力在外部的真实世界里做到这一点。

复原肌之调适肌：感知自我效能，适应变化

一个拥有强复原力的人对待挑战的态度和普通人有所不同：一

般人遭遇挑战会较为被动，认为它不可战胜且会一直存在，并会因此而感到无力甚至绝望；复原力强健的人则更能就事论事地看待挑战，把它们看作生活的一部分但绝不是全部——自己完全可以对其施加影响，甚至掌控部分的结果。他们的自我效能（self-efficacy）感更强也更有主观能动性，相信影响力和控制力能部分掌握在自己手中，而不是全部都受制于环境。秉持这种信念，他们更会将挑战视作成长的机会而不是无法承受的重创。而在认知层面，个人采用怎样的视角，能否把挑战看作可影响甚至能驾驭的东西，也是复原力的一个底层逻辑。这些信念和认知都会直接影响我们的行为。如果把挑战看作成长的机会，那你就更可能迎难而上，精进自我，并有机会跨上一个新的台阶。有高自我效能感的人对压力的体感更轻盈，对自己的表现也更满意。

当然，就像所有的自证预言，高自我效能感也可能带来反向的影响：你也可能夸大内心的压力和担忧，并反复咀嚼，把土丘看成大山。在哥伦比亚大学教育学院"创伤与情绪实验室"研究复原力的乔治·博南诺（George Bonanno）说："将逆境视为一种挑战，你就会变得更加灵活，更能够应对它，并从中获得学习成长。而过分关注逆境并将其视为威胁或潜在的创伤性事件，它的影响就会被人为拉长，你也会变得僵化、缺乏灵活性，并更容易受到负面的影响。"[27]

正念技能通过两种途径影响我们的自我效能感：增强对持续变

化的觉知，以及改变应对风险的策略——从规避变成迎接和拥抱。

首先，在正念练习中，当你把注意力聚焦在某个对象上时，你马上就会意识到这个观察对象每时每刻都在不断变化。每次呼吸都有开始和结束，身体感觉来来去去，念头和感受动荡起伏。初意识到这点时，你可能会感到诧异甚至有点害怕。随着更多的感知，你慢慢会习惯于这种内在的持续流动感。变化和非固定成为一种思维常态，你对变与不变的基本看法也发生了微妙的改变。自然而然，当生活中出现比较大的起伏时，你就不太可能默认它是永久不变的，而更有可能认为它只是暂时的。

当一个人转换了对变与不变的基本假设，如何应对挑战的内在倾向也会随之松动。如果你认为威胁是永久性的，你就更有可能与之对抗，徒手角力，拼个你死我活；但如果你认为威胁只是暂时的，那你就更有可能转而面向它们，甚至产生好奇，尝试与之对话。作为大自然的产物，我们人类发展出千年以来应对威胁的默认反应，目的自然是为了生存：我们随时做好准备应对可能出现的状况，随时准备与危险的捕食者战斗或掉头就跑。当人身处危险中时，这种模式是最有效的，但同时，我们的吸收与学习之门也被紧紧关上了。

正念练习会让你能够敏锐地意识到这种生存模式具体是如何作用于你自己的，准确地知道哪些具体的部位正以怎样的方式表现出这种生存模式：是身体的紧张还是绷紧的情绪和态度。你将学会如何放松，并对这些经历敞开身心，而不再是反射性地马上收紧。当你能够超越这种紧张，就会有空间培养好奇心，吸收与学习之门便会再次打开。正念帮你持续培养这种好奇心和探究的态度，待你将其带入现实生活中，以前错过的微妙线索就会开始被看见，而面对挑战时，你也会越来越应对自如。包括丹尼尔·西格尔（Daniel Siegel）[28]和马克·爱普斯坦（Mark Epstein）[29]在内的众多研究者们也纷纷表示，正念练习带来的一个根本性收获就是，让人能够超越人类面对环境威胁时默认的生存导向应激模式，取而代之以好奇和学习的态度来面对并回应。

随着对持续的变化越来越适应，你开始注意到一个不变的存在：就是在内心一直观察着这千变万化的世界的那个"你"，它来自内心深处，且更稳定。随着它慢慢越来越能发挥作用，你的回应会自然而然更多地来自那个"你"——遭遇压力突袭时，你能够选择深思熟虑后再做出回应，而不总是本能地一惊一乍。此时，你的自我掌控中心已转移至更深的心理基床上。

调适成长

还记得我们对复原力的定义吗？复原力是指在应对威胁或挑战时能够自我恢复、适应和成长的能力。前文介绍的五块"肌肉"会帮你度过恢复阶段：经历挫折后仍能坚持、压力下保持专注、消化不良情绪、与他人保持联结以及发展自我效能感。自我一旦恢复，适应和成长就有机会，你能学习如何解决新问题或以新的方式解决老问题。接下来我们就会聊聊另外两种复原肌——作为一名教练，帮助客户发展这两项复原力是我的实践基础。

复原肌之洞察肌：审视滤镜与假设

拥有复原力的人不会机械重复地用老方法解决挑战，失败会告诉他们该换一种办法了。当然，前提是他们先得"看见"自己用的是哪种老办法——对此大多数人并不自知。在乔安娜·亨特和劳拉·狄梵开发的整合教练方法（Integral Coaching Method®）中，她们称之为"当下的存在模式"："当我们以某些特定的角度或方式看待世界时，我们没有意识到这些角度、方式及假设的存在。这些都被当成'我'的一部分，我们对此视而不见，日日在自动驾驶似的模式下生活，并受隐形假设的支配。"[30]

举个例子：假设我佩戴隐形眼镜，拥有一副灰色永久镜片。我总是戴着它们，无法通过比较来知道戴与不戴的区别。我透过它们看到的世界是灰色的，便认为这就是个灰暗的世界，而我所有的认知和行为也基于这样的预判。然后，有一天我突然意识到自己原来是戴着镜片的！我把它们取下来，世界马上就变得不同。灰色是我看世界的滤镜，是一种假设，而不是世界的本来面目，摘下它们，我终于"看到"了自己的假设，而不是一直透过它们看世界，但对它们的存在却浑然不知。

基于亨特和狄梵的理念，一旦能审视假设，我们应对挑战时就能拥有非常多新的可能性。哈佛大学的罗伯特·凯根（Robert Kegan）称之为"主客体转换"，一个可能贯穿我们从婴儿期到青春期再到成年期的自然过程。凯根进一步解释："客体是指我们知道并可以对其进行思考、查看、处理，以及与其关联、为其负责的任何对象；而主体是指那些我们被识别、联系、融合或嵌入其中的部分。我们是主体，同时也是客体。"[31]

当我们能够从某个角度来审视所经历的一切，我们就能对其拥有自主权并获得了选择的权利——是否要采取行动以及该采取什么行动。相反，当我们被以某种形式定义或与某个标签合二为一时，我们就会看不到自己，并受制于这些定义和标签。回到上面的例子：我每日透过灰色隐形眼镜看世界，但并没有意识到自己的世界是因此而变得灰暗的。我基于这样的认知生活，还产生了一种略微悲观的情绪。一旦我发现了滤镜的存在，我就能把它和"我"区隔开来：它是它，我是我，透过它看到的可能并不是真实的世界。我现在有了选择权，可以选择把它摘下，我可以尝试找与我观点相左的人讨论，也可以选择更多地与乐观的人交往。

正念练习启动了这个去标签化的、内在的主客体转换的进程：我们能够摘下眼镜来端详它，而不只是毫无知觉地每天透过它看世界。无论选择关注什么，呼吸、感觉、视觉或听觉，你逐渐就能关注到以往无法觉察的想法和感觉了。很可能是生平第一次，你能以旁观者的身份去观察自己的思维和感受了。这是一个非常强大的体验。在没有意识到这些滤镜的存在时，你就一直是透过它们，即隐形的假设在看世界。现在，你第一次观察到了它们本身。那个观察的"我"与正在思考的被观察的"我"不再是同一个"我"——我们暂且把前者称为"我背后的我"，由他来观察那个被观察的"我"的所思所感，他成了新的主体。"我背后的我"拥有更宽广的空间，思绪和感受都能在此间自由地来去，几乎不会遭遇阻力。许多禅修者体验到的空旷感或轻盈感，背后应该是类似的状态。对我个人而言，我的体验是：肢体运动更自如，能笑着面对冲突的情绪，对"必须正确"的执着也放下了！

所以，一旦能看见并检视自己的隐形假设，你就拥有了选择权并能为自己的选择负责，能在未来采用一种崭新的方式行事。在获得这种自由前，我们其实一直被自己的隐形假设所限制而浑然不知。从某种意义上来说，无论是令人愉悦的想法还是不愉快的感受，在正念练习中感受到的具体是什么并不那么重要；重要的是，通过持续对想法和感受保持觉知，正念练习者最终能够用一种健康无痛的方式完成自己的主客体转换。我们通过正念发展的就是那个"我背后的我"——他能帮我们检视并测试自己的隐形假设，而获得这种能力是个人成长蜕变真正的第一步，我们将在下一节具体讨论。

复原肌之成长肌：化茧成蝶，实现成长

个人成长的过程很少是无痛的，但拥有复原力的人却能相对轻松地完成。他们能把冲击看作提示他们要改变、要探索新的选项的信号。通过一次次打破旧的并创建新的身份认知，他们会越来越自信自在。

每个人的蜕变故事和节奏都独一无二，但主要历程却大同小异。作为一名整合教练体系的大师级教练，我熟悉很多个人成长模型，这里我想借用奥托·夏莫（Otto Scharmer）的 U 型理论：整个过程大致分为三阶段，即放下过去、转变间隙、走入未来（见图 4–1）。[32]

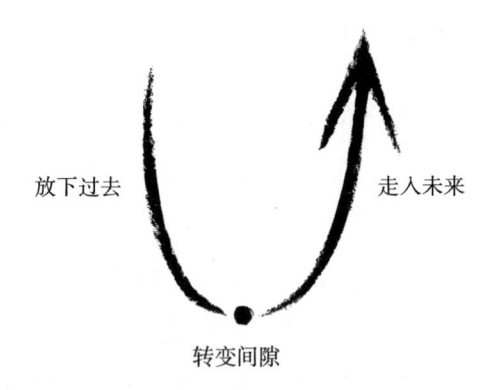

放下过去　　　　　　　走入未来

转变间隙

图 4-1　个人成长的 U 形曲线

在我们生活的大部分时间里，我们都不是处于转变期——虽然转变期也算是很好的机会，但总会让人筋疲力尽！在普通的日子，我们一直处于产出模式，依赖于长久以来形成的习惯思考和行动。这样的日子可以说是相当有效率，我们与自己的习惯模式配合默契,不必操心太多,这也就是所谓的生活的自动驾驶模式。

然后,不顺利、挫折、挑战甚至创伤性的打击出现了:一开始,我们会习惯性地用老方法处理,但却发现不太奏效。转变期于是被开启了,起点相当于位于U形曲线的左上角。第2章中提到的尼古拉的离婚、亚历克斯的创伤后应激障碍和芭芭拉的事业挫折都可以算是这样的场景。

整个曲线左侧的下行都是在放下过去。这一切都是为了处理旧习惯,与固有的自我意识解绑。先从点击暂停键开始——暂停你的自动驾驶模式,而后把意识转向更深入地观察自己、他人和环境上。你开始意识到你在不知不觉中所做的事情,能够摘下假设的滤镜并检视它(使用洞察肌)。当你能够彻底做到这一点时,你就完成了放下过去的任务。

此时,你可能已经急不可待地想跨入拥抱未来的上行通道。但在这之前,在U形曲线的底部,你还是需要先停留一下,那里有转变的间隙。那是个略微尴尬的"两不靠"中间地带,是旧我和新我之间的清涧:你已与旧我再见,但还没遇到新我。在这里,你在未知中安住,只需发问无须回答:你真正想要的是什么?是什么在召唤你?是什么给你能量和快乐?你真正关心谁?真正放下了旧模式后,你便能用全新的眼光去看待这些问题。最终,新的答案闪闪发光,U形曲线的右半边开始显现。未知就是可能性,是通往创新的真正唯一道路。

U形曲线的右侧是为了迎接一个崭新的你：全新构建的身份，更有效的、全新的做事方式和存在状态，它们都能更好地回应来自你内心深层次的渴望。旧的方式已然被放下，超乎想象的全新可能正在浮现：最初是在耳畔的喃喃细语，然后，你开始试探性地尝试低风险的新玩法。你从最初的磕磕绊绊里吸取教训，不断优化新的招式，并最终形成一套新打法。持续的操练让你逐渐与新打法融为一体，新的习惯完全形成，生活以从未有过的高效和满意翻开新篇章。

化茧成蝶可能是这个过程最好的类比。在任何形式的转变发生之前，我们就像毛毛虫一样，快乐地咀嚼食物，喂养自己，长大成熟。接着改变的信号击中毛毛虫，它开始停止进食，不再移动并依附在枝叶上，慢慢在自己周围结出一个茧——转而向内。原来的它开始在茧里消融，过去的固态物质变成了黏稠的液体，其中也蕴藏了幻化出新形态所需要的胚胎。然后，斗转星移，茧脱蝶出。

那这样的个体转变过程与正念又有什么关系呢？你也许还没意识到，正念练习者所做的正是模拟并催化这样的个体转变过程。任何一种正念练习的方法都能开启一次自U形曲线左侧出发的转变。它们让我们能看到自己无意识的自动驾驶模式，帮我们将意识转向并重新定位。

杨真善老师的看听感科学正念体系针对U形曲线的三阶段都有独特的练习："欣赏自我与世界"，帮你打破自动驾驶模式，放下旧

第4章 强健你的"复原肌"

我;"超越自我与世界",让你深探转变间隙;"滋养自我与世界",用实践助你拥抱新生(见第6章)。

为什么需要那么多不同的方法呢?因为个人成长是个过分复杂的过程,多面且混乱。不同阶段需求不同、挑战不同,你就会需要不同的工具。一套整合性的、多样的技术可以为身心灵发展提供平衡的方案,预防单向失衡的风险。如果只在U形曲线的左侧徘徊,在解构放下旧我后,你确实能更清晰地觉知自我和周遭,但也可能变得自恋或虚无;如果只在U形曲线底部停留,与未知做伴,你可能会探索到自我的最深源头,但你也可能遗忘了要去积极表达它,将这些价值观带入真实世界;如果你只针对U形曲线右侧练习,重构了全新的自我,能马上行走在实现理想的道路上,但你的自我是如此单薄无力、天真而理想主义,一旦遭遇坚硬的现实便会被击得粉碎,要么精疲力竭,要么遁回现实。这就像如果要欢饮一杯美酒,必须先倒空酒杯并仔细清洁(放下过去),然后让空杯等待酒醒(转变间隙),最后才能慢慢倒入上好的新酒(走入未来)。

请记住这七种复原肌,你的正念练习可以很简单,但同时效果却非常强大。这就像我先生最爱的电视节目《神秘博士》(*Dr. Who*)里的一台TARDIS时空飞行器:看着体积很小,但其实容量很大。有了这些背景的构建,我们现在可以转向实际的问题了:你的深度专注能力。

第 5 章

再塑你的注意力

Mind Your Life

第 5 章 再塑你的注意力

"能告诉我你从事什么职业吗？能描述一下你是什么样的人吗？"当然可以，相信在与陌生人初识或与朋友交谈时，这些问题你已回答过无数遍了。但如果别人要问你是如何安排自己的注意力的，这可能就不太好回答了。尽管我们每时每刻都在使用自己的注意力，但相信你并不会主动意识到这项能力——就像一个未知的宝藏，静待你去发掘。

注意力和身体能力很相似。我们每天都在运用自己身体的耐力或灵活性，而具体能力的高低对每个人来说会受先天的影响，但又不完全是由先天决定的，人们完全可以通过后天的训练来增强它。另外，生活方式对我们身体能力的影响也很大：体力劳动磨炼身体，吸烟影响肺部健康，久坐导致器官损伤、肌肉退化或体重增加。

同样，我们一直依赖的注意力也不仅仅是种天赋，它同样可以通过训练来提升。同时，我们在运用注意力时，到底在关注什么，以及是如何关注的，也会表现出特定的习惯模式和自我预设。多数时候，我们看到的是自己眼中的世界，远非世界的本来面目。

经常锻炼可以增强体质，同样，正念练习可以提升你的注意力，改善心理健康状态，并挖掘被忽略的内在宝藏，拉高生活质量的基准线。体育锻炼带来身体的强壮、灵活和健康；正念练习锻炼你的精神肌肉，让你变得专注、清晰和平静。

两个"自我"

非常令人兴奋的是，近几年神经科学的新发展正指向心理学家和精神导师长期以来的一个共同的猜测，即我们体内存在不止一个"自我"。

在第 3 章关于科学新进展的部分里，大家已经了解到：我们大脑的前额叶皮层有一块区域与所谓的默认模式网络或默认注意力网络相关联。当我们没有进行特定思考的时候，大脑的这个区域是活跃的，就好像嗡嗡的低频背景白噪音。它可能与我们对稳定、连贯的自我意识体验有关。这种自我意识是基于我们随时间推移积累起来的经验建立的，我们还发展出了核心的信念系统和叙述来诠释这些经验。请允许我将它唤作 DAN。

DAN 并非单独运作，我们大脑中还有另一部分，学名为后脑岛（posterior insula）区域：外界的环境以及我们自己每时每刻都在变化，在回应这些变化对我们的刺激时，大脑中最活跃的就是这个区域。多伦多大学的诺曼·法伯（Norman Farb）博士已证实，正念练习可以调节后脑岛区域。[33] 方便起见，我在这里就叫它

MoMo。与 DAN 不同，MoMo 关注当下发生的事情，时时刻刻，一遍又一遍。DAN 和 MoMo 有点类似于丹尼尔·卡尼曼（Daniel Kahneman）在他的畅销书《思考，快与慢》(*Thinking, Fast and Slow*)中使用的两个概念：记忆体自我（remembering self）和经验体自我（experiencing self）[34]。

一般情况下，环境的时刻变化并不会特别明显，所以 MoMo 会安静地待在背景里，就像一支球队中一名被雪藏的主力。事实上，我们一般既看不见也听不到环境中的细微变化——因为没有必要。但有时，环境中会出现大动静或紧急情况，例如，老板发怒、婴儿哭闹或突然极速驶来一辆车。这时，MoMo 就会自动跳到前台，于是我们便会体验到异常清晰的瞬间的强烈感受，表情、语气也马上配合——总得先把车刹住吧。

刚才提过，正念练习可调节后脑岛区域的功能。好消息是，你的觉察敏感度会得到提高，实时传感的带宽也会被扩展。这些能力让你能够以全新的眼光来看待旧的信息，获得所谓的初学者心态——这也被认为是所有创新者所需要的基本状态。如果不经训练，一个普通人在遭遇外界刺激后，注意力通常会马上被 DAN 劫持并强行带入老的轨道，毫无觉知地马上开始用老办法来应对新问题。在正念练习里，你将通过反复练习来打破这个惯性模式。需要注意的是，这个练习一开始会让人感觉反直觉甚至有点尴尬，好像是在故意给自己找不痛快。

有效的正念练习整合了 MoMo（我们对当下的关注能力）和 DAN（未来我们该如何使用它）。通过培养更强大的关注当下的能力，我们挖掘出了全新的可能性。如果再将它与善意的发心结合，我们将重新认知我们是谁以及我们将如何影响世界。

与任何其他训练一样，培养正念觉知是一个过程。一般初学者首先会发现：注意力和驱动力并不是天生的、一成不变的，而是一种动态变化的能力。在开始练习时，你的这些心理肌肉还很弱，你会意识到自己的注意力状态通常是零碎浅表的，对脑中念头和外界刺激只会进行条件反射式的回应。随着时间的推移和练习的深入，这些心理肌肉会慢慢强壮起来，能力的提升也会是长效的，影响将从练习开始，慢慢贯穿至你的日常生活中。你会发现自己越来越少地被 DAN 驱动（只能惯性地进行条件反射），而越来越多地运用当下的关注力（MoMo），并能够基于更高的觉知力水平做出更有效的回应。

设想我是一个项目负责人，团队正面临一个迫近的重要节点，这时候甲方的某位领导又提出一个修改意见。我的 DAN 习惯性地让我微笑着接受甲方的任何要求，埋头加班，挤压完自己再挤压团队，最后回到家再折磨家人。当正念意识增强以后，我开始能感受到自己的身体紧张、恐慌的情绪，并觉察到客户脸上的歉意。伴随这样的觉知，我就有可能改变策略，先从与客户就具体的需求变更及时间表问题进行富有成效的对话开始。

第5章 再塑你的注意力

于是，你应对挑战时慢慢变得富有弹性，在日常生活中也更富有成效，在反复处理相同的老问题上花费的时间和精力越来越少，生活中的卡壳磕绊也越来越少。此时，你内在的潜力便更有空间显现，既包括你个人的独特才华，也包含人类普遍的正能量特质，比如快乐、和平与爱。你能将更多的精力投入到对个人有意义的目标达成和价值构建上。你感觉自己开始进入一种更平静、宽广、深入、包容的元意识状态，生活也随着这样的意识水位线的提高而被彻底改变了。

当然，这样的转变不会在一夜之间发生。与任何技能或能力一样，你需要投入一些时间和精力来进行练习，也会有一个学习曲线需要经历——组织变革领域中经常出现的J曲线就是一个很不错的参考，可以套用在正念练习里。一开始你会充满热情和动力，也能初尝平静和轻松的滋味。而后，你不知不觉地抵达了J曲线的谷底。你开始动摇了，第一次痛苦地意识到自己的思维和内心状态是多么混乱和被动——被DAN劫持的内心是多么压抑、充满自我消耗。然后，刚开始时的雄心壮志日益消弭，承诺的练习也越来越难保持。我希望通过本书里介绍的实践和指南，帮你理解并安全穿越学习的J曲线，在旅程的终点收获更强健的正念意识，并能最终将其真正带到自己的生活中。

要掌握一项新技能，秘诀只有一个，就是反复练习——无它，惟手熟尔。当然，善巧的实践做法也不是没有。你一般可以先从获取一些背景知识并找到改变的动力开始,然后学会一些关键的做法,并在生活中有意识地应用它们;最后,你通过回顾自己的实践,评估自己在哪些方面有所收益,在哪些方面面临挑战(见图 5-1)。如此,你便可以重复这个循环,不断扩展你的练习,并有选择性地突破自己的边界。本书就是按这个逻辑和次序来编写的:我会先提供一些必要的基本知识并帮你把油箱加满,再介绍一系列的方法,最后和你一起找到让正念融入生活的入口。

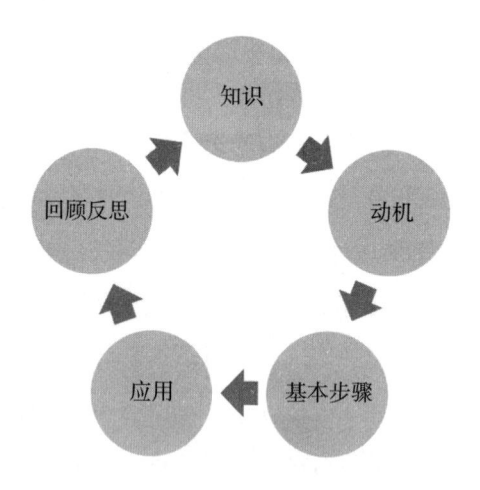

图 5-1 掌握新技能的过程

回想刚开始锻炼时,我先是报名参加每周一次的普拉提课程,一边学习基本动作,一边通过集体练习来激发自己的动力。开局并不顺利:同学们能把动作重复多次但依然看起来很轻松,而那时的我早已筋疲力尽。我感觉自己永远无法变得和他们一样强。当然,后来随着肌肉力量的增长，我感觉自己更强壮了，也可以更持久、更精确地做动作了。后来，我想扩展练习却苦于没有时间去操房上课，于是我想办法在日常生活中操练这些动作，比如单腿站立着刷牙！

挑战

正念的技巧理解起来并不难，难的是，要实现个人的真正改变，必须养成练习的习惯并将其融入生活：不断强健 MoMo，并从 DAN 手里夺回注意力的掌控，反复固化加强新模式直到刻出新的脑回路。正如第 2 章中提到的，参加正念课程的人里每十个只有一个会在一年后仍然保持定期练习的习惯。我写这本书的一个希望，便是能帮你战胜困难，并汇集众人之力一起改变这个现状，让想要尝试的人都能成功。

在我看来，形成规律的正念练习的习惯有五个主要挑战。前四个适用于任何形式的个人成长，而最后一个则是正念独有的。

1. **为什么我要练习？** 你需要有一个令人信服的理由来尝试新事物：既要了解未来的成功模样，又要了解当下推动你做出改变的压力或痛苦是什么。在本章的后半部分，我将帮你明晰练习的动机。你还会找到自己的正念主题，它将在摇摆不定的初期阶段为你提供指引和支持。

2. **我该如何练习？** 一旦你找到了练习的动力，面临的下一个问题就会是该如何做。所以,第二个挑战是:是否会有这样一种技术,让你能清楚明白地理解,能运用,还能喜欢上它?与任何一种技能训练一样,特定的正念技巧对特定人群的效果会更好。事实上,你最终可能会发现,自己真正喜欢的,是在不同情况下使用不同的技巧,而所谓"有用"的技巧也会随着时间的推移而改变。所以,我会尝试提供多种技术,对每一种都给出明确清晰的指导,这样你就有充分的空间选择那些吸引你的技术了。

3. **如何挤出时间练习?** 我们真的都太忙了,日日忙于回应生活对我们提出的众多要求。然而,这个表述背后也隐藏了这样的假设:正念练习只有静坐这一种方式——你的待办事项清单明明已经很长了,现在又不得不再加上一项!不,不,不!在本书中,我将鼓励你在各种场景下练习正念,无论是在静坐时、在运动中还是在白天的某个时刻。掌握多种正念技巧意味着,针对不同的场景,你能有多种选项;能在不同的时段和场景交错练习不同的技术,意味着你有机会更快速地掌握最核心的必要技术组合,早日享受练习的成果。这些都有助于帮你建立一个正向的反馈循环,让你愿意持续练习并最终将正念内化成自己的习惯。

4. **如何将正念融入生活?** 在学习了基本技术并尝到了些许甜头之后,大多数人都会接着问:"我如何才能更多地练习?"针对这个问题,我会带你绘制自己的"正念生活练习地图",将正念练习融入生活。更多的练习必定会伴随技能的提升。一般来说，你会从将正念意识带入例如家务劳动这样的简单任务开始；慢慢地，你可以开始在充满挑战的情况（比如困难的对话）中练习如何保持更高水平的正念意识。随着技能的不断攀升，新的神经通路被反复加强，此时，正念将不再是一个待办事项，而是真正成为你的一部分。

5. **我怎么知道练习是否有效呢？** 这就是正念的一个独特挑战。一般来说，要让一个习惯刻入大脑，需要以最快的速度进行新行为的强化，还必须伴随良好的感受。想想你从心爱的美食中获得的惊艳体验——你必定想要更多。然而，在正念中，练习带来的被强化的正向感受可能是非常细微、难以察觉的，或需要一段时间才能显现。回报的表现形式也可能并不是积极信号的增加，而是消极信号的减少，例如压力的减少或应激性反应的减弱。这有点像在高速公路上从后视镜里望向车后：一辆令人讨厌的巨大卡车已经紧随你好几千米了，直到它突然从后视镜消失不见，你才真正感到如释重负！如果没有接收到即刻的正向反馈，你很可能会认为它不起作用，也可能想要放弃。我会建议通过三种方式来应对这个挑战：通过提供多样的练习方法，助你尽快抵达量变到质变的临界点，体会到实打实的收益，建立正向反馈循环，促成习惯养成；定期回顾练习状况，提醒自己注意微妙信号；通过分析积极信号出现在哪里，进一步划定下次回顾的重点。

转变

到底怎样才能知道正念对你有没有作用呢？直觉上，你可能会拿正念时的体验来衡量：如果能感受到平静、放松就意味着你做对了，如果感到烦躁和头脑忙碌则意味着你做得不够正确。可千万别这么认为！你也许会在正念的过程中即刻体验到平静或觉知力的陡升，但这些直接的经验，无论是积极的还是消极的，都不能被用来当作长期效果的可靠衡量指标。

应该说，正念练习的每个片段都会是不同的。今天你可能会过得很愉快：你坐下来，发现自己的身体很平静，头脑很警觉；但第二天就可能会挺艰难：你做着同样的练习，但却发现身体在躁动，思绪在飞奔。

这些都不能被看作练习是否有效的佐证，而更像是 MoMo 对你的个人状态做出的最新"天气预报"。知名的正念老师肯·麦克劳德打过一个比方：练习正念就像待在一艘小船上，[35] 那是一艘皮划艇或小渔船。有时，风平浪静，船也能轻松行进；但有些日子，波浪起伏汹涌，你只能勉强站直。正念练习就是这样，无论今天天气如何，你的所有工作就是把自己留在船上！慢慢地，你便学会了该如何在各种环境条件下驾驭自己的内心。

所有的正念老师，应该说是所有的身心灵老师，都会告诉你判断练习效果的最终衡量标准在于个人生活受到的长期影响。建立一项技能需要时间，因此它能够在你的生活中发挥作用也必定需要时间。

当你发现自己能够以过去从未有过的方式思考、感受和行动时，你就知道自己已经发生改变。长期来看（数月甚至数年），你可以期待自己的生活在以下这些方面产生积极变化：生活本身变得更省力高效，痛苦从整体上得到缓解，幸福感和生活满意度也随之得到提升，你对自我的了解更深入，并拥有更多的同理心和联结感。

在正式开始正念练习后，以下这些方面的进展值得关注。

你是否感到自己的生活变得更高效

多数人开始正念练习是因为他们遭受压力的困扰，或是希望自己能够更有效地回应来自生活中的挑战。当你不那么被自己的固有模式困住（你一定还记得我们的老朋友 DAN），你就不会再强迫自己反复使用早已无效的老办法，而是能灵活选择更符合当下情况的方式做出反应。如何才是所谓的"更有效"呢？这可能体现在注意力的提高、更冷静、更少的情绪干扰或应激反应，以及人际关系的改善上。这也可能表现为对特定的行为障碍更有效的处理上，比如处理体重超标、情绪失控、失眠、拖延症或过度成瘾行为；或者在某些情况下，当发现自己的行为无法完全与自己秉持的深层次价值观保持一致时,你能够调整自己的行为,使其更符合自己内心真正的渴望。这些令生活更有效的改变也同时强健了你的调适肌。

你是否感到个人的痛苦得到了缓解

正念练习能让你在很多情形下表现得更高效,但它并不是魔法棒——总会有一些你无法改变的外部客观情况或身体状况让你的生活变得糟糕,对于这些因素,除了忍受或慢慢学习如何与之相处,几乎没有更多办法。正念练习能帮到你的,就是在生活的外部环境无法被改变时,带你学习如何接受自己的感官体验,让你了解到:你所感到的痛苦其实是被你自己放大了的——而这样的放大来自你对它的抗拒。因为回避和拒绝你不想经历的感受,只可能让这种困难的情况变得更糟糕,杨真善老师把这样的情况用一个公式来表达:痛苦 = 疼痛 × 抵抗。你可以学到好几种方法来减轻痛苦:你可以将痛苦的体验拆解为思维、情绪和身体感受来各个击破;你可以改变与痛苦的关系,以及应对它的策略,用直面来代替背对;你也可以学到如何用给予自己更多的爱与慈悲化解痛苦。当抵抗带来的放大效应减少后,你的痛苦体感也会变得不一样——还记得第 2 章中布莱恩的故事吧:放弃抵抗后,严重头痛带来的痛苦感受明显缓和了!你最终会明白,虽然疼痛不可避免,但痛苦却是能选择的。

以下的例子来自我个人近期的经历:在一个期待已久的家庭假期进行到一半时,我不小心被割伤了背部。疼痛如此严重,我甚至无法独自下床。如果是在以前,我肯定会成天抱怨怎么会让这种愚蠢的事故毁了美好的假期。现在，我能将注意力转而集中在真实的身体感受上，尝试用缓慢、温和的步态轻柔地四处走动。尽管开始的几天还是很糟糕，但很快，假期就恢复了愉快的主基调——我能够在不逃避的情况下完全体验这场严重的疼痛。如果你也能像我一样，不必靠蒙上双眼推开生活中的艰难经历来走过它，你的生活又会发生什么样的变化呢？

你是否感到人生更圆满

有时，你感觉自己想挑战大目标——可能因为你本身就喜欢挑战，或那个目标对你来说很有意义。但有时，驱动你的却似乎是别的东西，仿佛内心的一个黑洞：孜孜渴求却始终无法全然品尝人生真味——这样的状况极端时甚至可能会诱发成瘾行为，即使得到再多也不能满足。前文已经提到，如果未经训练，我们的大部分注意力都会被 DAN 占用，留给 MoMo 的很少，所以我们往往无暇体验当下的愉悦。我们总是在考虑过去和未来，咀嚼别人的评论，或担心快乐本身："已经足够了吗？""什么时候会结束呢？"我们 90% 的经验都被困在默认注意力网络中，而仅有 10% 才是真正的快乐时光。生活的乐趣，我们其实根本就没完全品尝到，难怪它永远不够！无法完全沉浸于生活当下的美好，实际上是源自内心的一种微妙的干扰，是对全然接受所有当下体验的抗拒。抗拒的对面是"通"，所以满足（fulfillment）= 愉悦（pleasure）× 通（equanimity）。随着对抗的减弱，体验上的快乐会变得充实起来：

你学会了拥抱日常生活中每一刻的快乐，无论是苦甜的巧克力、温暖的友谊、壮丽的自然美景，还是出色的工作成果，你都能够充分地享受它们，而不是在患得患失中与它们匆匆擦肩而过。如果每天都能毫不费力地真实触摸快乐生活多一点，你的未来又将会变得如何不一样呢？

你是否能更深入地了解自己

作为一个所谓心智健全的称职的成年人，你应该很了解自己的性格——向他人描述自己是个什么样的人不会是件难事，在工作面试中你也可以轻易列举自己的各项优势。这是一种相对惯常、浅层的自我意识。当你进行正念时，你有机会更深入地看自己：有可能这是你第一次真正在观察自己在想什么，正在发生什么情绪，你可能突然发现它们并不是你以为"应该"的样子。现在你知道了：你发现了自己的盲点、触发点、头脑中的隐形假设和真实的能量水平，你会在更深的心理层面了解，到底是什么在驱动你。这种新的视角会让你获得一种自由，那种能从更深层次进行回应而不是老被自己的旧模式绊倒的自由。而最深层次的自我意识，则可能来自与源头的联结——属于全人类和所有生命体的源头，虽然在不同的传统里名字不一样，表述方式不同，但大多数的信念体系里都会提到它。

你是否能感到自己更有爱心、更容易与人联结

这里有一个悖论：为什么深入了解自己能让你更关心他人？正

念练习通过令你变得更能接纳自己，从而更容易接纳他人。从这一点来说，它帮你激活了内在更多的人性面，更不用说正念体系本身也包含了刻意培养积极意识和良善发心的练习。

锚定你的正念动机

读了凡人英雄们的故事，概览了科学实证，了解了复原肌的原理和自我蜕变的过程，我想，你现在对"正念到底可以带来什么"这个问题应该会有一个相对完整的理解了。那么，现在，什么对你是最重要的？产生任何个人改变的第一步都是能感知到目的地，并了解其背后的原因。作为整合教练体系的大师级教练，我总是通过帮助我的客户制定相关的主题来开始第一步。这个主题既包括对成功未来的描绘，也包括那些驱动你做出改变的不尽如人意之处。这个主题本身，以及创建它的过程帮你锚定了自己的初心，并会在未来成为你行动的指南。特别是当你处于学习曲线的早期阶段时，你一定会反复扪心自问"我到底为什么要开始"，那时它的作用便特别关键。

创建一个正念主题的宣言有两个步骤。

第一步是根据下面的清单，找出所有适用于你的选项。不用着急一次完成，你可以反复斟酌，最后找到排名靠前的三到五个需求。

- ☐ 我想在压力下保持冷静和专注。
- ☐ 我想提高自己面对挫折，但依然能够坚持的能力。
- ☐ 我想更好地处理困难的情绪，不让情绪过度扭曲我的行为。
- ☐ 我想改善我的整体心态，提升幸福感。
- ☐ 我希望自己能更好地、在更大范围和更广的深度上体验愉悦情绪，这些情绪包括友善、幽默、宽恕、同情、爱、喜悦、和平……
- ☐ 我想提高自己应对并管理日常压力的能力。
- ☐ 我希望在出现状况时，自己能更好地控制自己的反应。
- ☐ 我想减少与身体健康问题相关的痛苦，包括偶发的及慢性的痛苦。
- ☐ 当我遭遇无法避免的伤痛时，我希望能减轻痛苦的感受。
- ☐ 对于我遇到的愉快体验，我能够更完整地体验它，感受到真正的满足。
- ☐ 我希望找到生活中更大的意义感。
- ☐ 我想了解到底是什么（例如，自我感受或想法），令我在生活中感到被强迫、被驱使、被干扰。
- ☐ 我想了解更深层次的意识，从表面下探到源头。
- ☐ 我正在寻找与人更深层次的联结。
- ☐ 我在其他练习者身上看到了一些积极变化，我希望这些在我身上也能发生。
- ☐ 我希望能更好地处理紧张的人际关系。

- ☐ 我想改善与他人的沟通和关系。
- ☐ 我期待更美好、更健康的人生。
- ☐ 我希望与我自己的身体更好地联结。
- ☐ 我希望我的行动能更高效,有更多产出。
- ☐ 我想更彻底地践行自己的价值观和道德原则。
- ☐ 我有具体的行为方面的挑战,例如失眠、不健康饮食、顽固习惯或问题性的人际关系模式,我需要支持。
- ☐ 正念似乎提供了人类思维和心理运作的全景图,我想进一步探索。
- ☐ 我认同正念的可验证证据,并希望这些结果也能发生在自己身上。

第二步是花时间思考一下刚才的答案。

有没有识别出特定的模式?其中关联最密切、最紧急的事情是哪项?如果你愿意,可以做一些笔记。

现在把清单和笔记放在一起,基于它们来完成你的正念主题宣言。**第一部分**写下你对正念练习的愿景,你希望它能给你的未来带来什么;**第二部分**写下你现在正在经历的困扰以及那些促使你改变的理由。你可以用自己的话把它们写下来。

Mind Your Life
我的正念主题宣言

【未来愿景】我对练习正念很感兴趣,因为我希望能够_____

_____

_____

_____

_____

_____

【当下困扰】这对当下的我很重要,因为_____

_____

_____

_____

_____

_____

_____

体验：深度聆听

如果你现在就想开始，这里有一个简单的练习可以带你体验深度聆听（deep listening）。在有一些声音的环境中做练习最容易，而且也不一定非得是令人愉快的背景音。首先，让我们看一下基本方法，未来你可以基于此修改出适合自己的版本。

基本做法

1. 舒服地坐好，身体打直，好像被一根绳子从头顶拎起，然后顺势安坐下来，进入到一个放松的姿势。完全闭上或半闭上眼睛，双手轻轻放在膝盖上。
2. 将注意力放到头部中间、两耳之间的区域（这里大致与大脑的听觉区域对应）。从这里，将注意力集中在可以听到的任何外部的声音上。
3. 如果你发现自己的注意力被思绪或任何身体感受带走，轻轻地将它带回到听觉上。
4. 重复，重复，重复！
5. 完成这个练习后，做一个快速的回顾。你注意到什么不同吗？如果你愿意，可以尝试拿笔记下过程中的体验，也可以从这次开始把书面回顾的做法带到你未来所有的正念体验里去。

你也可以在这个简单的正念练习中增加一些重复环节，或添加一些变化：

- 尝试同时关注你自己颅内的声音来提高这次注意力的练习强度。
- 带着好奇心，进一步探究声音的细节：处于什么位置？范围多大？是轻柔是响亮？是远是近？
- 尝试无差别接受你所听到的任何声音，让声音顺滑地穿过你的听觉区域，没有丝毫阻碍——无论是令人愉快的还是不愉快的声音。如果发现你丢掉了这份听的专注，尝试温和地带回专注，再试一次。
- 你还可以尝试在练习的时候播放最喜欢的音乐，以便为这种深度聆听练习增加趣味的变化，看它是否增强了你的体验：你能识别出不同的乐器吗？还是特别着迷于歌手们发出的某个美妙和弦？

未来，面对不安分的熊孩子或愤怒的客户时，如果你依然能实践深度聆听，那又会是一种什么样的体验呢？深度聆听只是看听感科学正念体系的一种应用，在本书接下来的部分，我就会完整地向你介绍这个系统。

第 6 章

看听感科学正念体系

Mind Your Life

第6章　看听感科学正念体系

看听感科学正念体系是一个整合的正念体系，它兼具严谨性与灵活性、一致性与多样性。严谨性在于其语言的使用，即在使用怎样的语言定义和指导练习这两方面都非常精准；灵活性是指你可以根据每天的情况对练习进行调整；一致性在于它提供了一个针对感官体验诸多面向的通用框架和一套核心正念能力；而多样性则在于它有一系列的正念练习，其中的每一种练习都在培养同样的核心正念能力——心力。

你或许需要付出一定努力才能够理解这个体系，不过一旦你做到了，你就可以根据自己的需要对它进行调整。通过提供多种多样的练习方法和不同的练习方式，它可以让你避免跌入正念练习的一些陷阱，并很快形成一种可持续的练习模式。这个练习模式足够灵活，可根据你的生活状况量身定制；它也足够强大，能帮你应对个人挑战。因为知道自己一直在培养同样的心力，你便可以从任何喜欢的地方开始，并以任何顺序进行。你也可以对练习的强度进行提升或降低，这取决于你对什么练习有兴趣，或是你正面临着怎样的机会、挑战或限制。本书接下来所阐述的方法是对看听感科学正念体系框架的介绍。

看听感科学正念体系包括以下几个部分。

- 三项核心能力（参见本章下文）。
- 三组练习类型，为相似的正念练习组提供框架（参见本章下文）。
- 在上述三组练习类型里，每组中有多种正念练习。每一种练习都可以培养三项核心能力（参见第 7 章至第 9 章）。
- 为提高练习的有效性和作用，对你的练习进行组织和整合的方法（参见第 10 章和第 11 章）。

三项核心能力

正念技术是用来处理感官体验的一种方式。任何正念觉知练习都将基于你选择将注意力引导到哪里以及如何引导你的注意力。

- 对于选择将注意力引导到哪里，你的聚焦范围可以非常宽广或非常窄小。你可以将注意力聚焦在包括你的内在或周遭发生的任何事情上：聚焦在你的念头、感觉和身体感受出现的内在世界上；或者聚焦在你周围环境中以视觉和声音形式存在的外部世界上。"你的内在或周遭发生的任何事情"的范围非常广泛，基于对这一广泛范围进行细分的不同方式，看听感科学正念体系有针对性地提供了不同的练习方法。

第 6 章 看听感科学正念体系

- 选择如何引导你的注意力，是通过培养下述三项核心能力实现的，即"守"（concentration）的能力、"清"（sensory clarity）的能力和"通"（equanimity）的能力。这里就此做一个更细致的介绍。
    - "守"，是在任何设定的时间内专注在你认为相关的事物上的能力。
    - "清"，是觉察到你错综复杂的感官体验并对其进行拆解的能力。
    - "通"，是允许感官体验自由来去的能力，既不抗拒，也不抓取。

所以在看听感科学正念体系的框架下，正念觉知是一种对你的内在和外在正在发生的事物进行关注的特定方式，它基于"守""清""通"这三项能力协同发挥作用。

这些核心能力并不只与正念相关，而是我们与生俱来的能力。但对我们大多数人来说，这些能力相对来讲发展得很有限。但是，我们都偶尔体验过高度专注、清晰或流通的状态，并因此知道这个状态是积极的、富有成效的（我在接下来的几页中将对此进行说明）。练习了正念，这些天生能力的基准就会从初级的水平被提升到一个相对稳定的更高的位置，从而为你的整个人生提供支持。你在过去需要付出巨大努力或只有在特定情况下才能够获得的东西，现在可以更省力地、定期地获得。

虽然上述三种能力各不相同，但当它们共同发挥作用时，它们还会互相加持。你要学习如何放下，这听起来很简单。但正如我们所知，它并非易事。"放下"需要意志力的"努力"（来自专注和选择性注意）以及对意志力的"臣服"，这听起来有些自相矛盾。对意志力的臣服来自"通"的能力，允许感官体验随意来去。放下过去是提升心理韧性、学习力和个人改变进程中至关重要的一步。

看听感科学正念训练就像综合的身体训练。一个完整的锻炼计划包括有氧运动，以及对力量和柔韧性的锻炼，它们为身体的健康打下坚实的基础。同样，一个完整的正念练习会包括对"守""清""通"的训练，它们可以为你的心理和情绪健康打下坚实的基础。

守

当你想到某个专心致志的人，你的头脑中会浮现出什么？也许是一个网球运动员正专注于她的对手，完全听不到环境中的任何噪音；或者是一位商界专业人士，弓着肩膀，紧盯着屏幕，正在拼命工作，因为任务截止期限马上到了；或者一个音乐家在演奏时，将自己的身体与来自其他音乐家的声音和能量随时进行调谐。我们经常认为专注是一种狭窄的聚焦，保持长时间不间断，在此期间，我们紧张地压制着自己不想去关注的所有的事情。难怪它听起来没有什么吸引力！

第6章 看听感科学正念体系

在看听感科学正念体系中,"守"并不是要控制你所体验的内容,也不是要压制你体验当中的任何东西。它是一种可以有选择地进行关注的能力,拥有这样的能力时,你能有意识地选择将注意力带到什么地方。通常情况下,我们将专注与聚焦以及聚焦所不可避免带来的副产品——紧绷和紧张联系在一起,要么专注、要么放松,不能兼而有之。但我这里所说的这种有选择的高度专注状态是平静、放松且警觉的。

"守"是指在任何想要的时间内专注于你认为相关的事物上的能力。

你是否有过这样的经历:你自然而然地进入了高度专注的状态,事情似乎慢了下来;你感受到平静,与一切同频,并同时保持着警醒;你对眼前的挑战和你周围更广泛的情况保持着觉知,表现出了最佳的状态,而且也许是你有史以来最佳的状态。表现优异的运动员和跑步者报告过这种体验,这种体验被称为"临在状态"(being in the zone)。

回顾过去,我也有一次"临在状态"(我也是现在才意识到):我当时进入到一种高度的专注状态,但这种状态却是由担心与决心而引起的!我曾答应过女儿们,在我们搬家几周后,会找机会回访她们原来的住处和在那边的朋友们。就在我们准备动身的前一天,我听说高速公路可能会封闭。我短暂地考虑过推迟我们的旅行,但我不能让她们对我失望。我想,"我们一大清早就出发吧,赶在封路之前到达。"通常我在开车的时候,会有一点紧张。但在那一天,我无意地进入了一种平静和专注的状态,目标明确地前行,丝毫没有忙乱。我的驾驶既清爽又流畅,连女儿们也注意到了与以往的不同:"哎呀,妈妈,你可真放松!"我们安全地抵达了目的地,距离道路被封闭还有很久——实际上道路封闭并没有真的发生。

在看听感科学正念练习中,你有好几种方式来培养专注。

首先,你选择某件事物,在那一刻,你选择将注意力放在这件事物上。我们称之为"将一个目标保持在你注意力的前景中"。这一目标可以是窄小的,比如在隔膜部位的呼吸感受;也可以是宽广的,就像在夏日里鸟儿的叫声和树叶的沙沙声。它可以是令人愉悦的,比如你最喜欢的音乐;也可以是某种令人不愉悦但又无法避免的事物,比如身体上的疼痛或情绪上的紧张。你可以选择将你的注意力聚焦在这个目标上几分钟,或者持续更长的时间,甚至长达几个小时。

其次,不要试图让你不想关注的东西走开。它们是不会走开的,所以想都别想!尽你最大的能力,把你的聚焦点放在注意力前景中你认为相关的事物上,让其他所有的事物在背景中自行活动。

最后,当你意识到你的注意力已游离开被选定的聚焦对象时,就只是平静地把它带回来。注意我说的是"当……时",而不

第6章 看听感科学正念体系

是"如果"。通常，第一次练习时，你的注意力肌肉仍然是不稳定的——这就是为什么你首先要训练它，对自己有耐心并坚持不懈。就像如果一只小狗没有完成超出它能力范围的事，你不仅不会惩罚它，还会耐心引导它去做适当的事情。你也要同样地对待自己！

当你的注意力和能量以这种方式聚集起来时，你可能会感觉到一种平静、安定或内在稳定。你的呼吸速度可能会慢下来。有正常肺活量的成年人每分钟会呼吸 15～18 次。在高度专注的状态下，呼吸可能会减慢到每分钟 4～8 次。你可以通过记录一段静坐正念练习前后的呼吸频率，为自己做一次测量。

尝试以下这个简单的注意力练习。

凝视下面这张图（见图 6-1）。图中实际上隐藏了两个图像。你首先看到的是哪个图像，是吹号的乐手还是女人的脸？（提示：女人的右眼同时也是乐手的下巴。）现在把你的注意力集中在你之前没有注意到的图像上。换句话说，如果你第一次注意到的是乐手，就把你的注意力放在这个女人的脸上。如果你发现乐手的图像又跳回来，你就重新将注意力聚焦在女人的脸上。根据你的需要，在接下来的几分钟里尽可能地重复这个过程。

图 6–1　视错觉图与注意力转换

这个注意力练习结束之后，你发现了什么？你能够更快地检测到第二个图像吗？对你而言，第二个图像是否变得更稳定了？你觉得你的放松状态与警醒状态怎样？请注意前景和背景都没有消失，只是你在选择性地引导你的注意力。

清

如果身心健康，你可能会认为自己能够非常清楚地知道正在发生什么。然而，有多少次你因为错失了某个关键细节而犯了错？或者因为没有听到关键字、或没看到微妙的肢体语言而造成沟通失误？"清"既是一种好奇的态度，也是一种可以精确地觉察当下体验的能力。它可以帮助我们超越期待的认知，从而注意到实际存在的事物。

第 6 章 看听感科学正念体系

经过充分研究证实的概念——确认偏差（confirmation bias）告诉我们，我们所看到的是我们期待看到的东西。为了正常发挥功能，我们的大脑会过滤掉无关的数据。随着时间的推移，大脑会根据过往经验形成过滤模式，这些模式塑造了我们对未来的期待。我们确实没有察觉到超出这些预期的信息。有一项最近的研究要求一组放射科医生检查一系列胸部 X 光片，就像是他们正在检查肺癌那样。然而，放射科医生不知道的是，研究人员在 X 光片中插入了一张专业人员从未想过会看到的东西的照片：一只大猩猩。这只大猩猩的照片并不小；它大约是普通肺癌结节的 45 倍大。有多少放射科医生没有看到大猩猩？大约 83%——尽管眼球追踪显示，他们中的大多数人都正好在看它。

"清"是这样一种能力，它能记录下你此时此刻正在经历的一切，发现并拆解你感官体验中的缠结。

我们通常拥有的"清"的能力类似于老电影或模拟电视的质量：够用但模糊。而拥有高水平的"清"的能力就像拥有高清电视，其基底的信号流有更高的精度。我们感知到的也会更加生动，对细微的细节有更多觉察。或者，换个方式来说，这就像把一个手电筒的光照在湖面上。起初，你只是觉察到一种不透明的浑浊。但随着时间的推移和一束更强的光，你会发现浑浊是由微小的藻类组成的；你可以透过浑浊看到下面的鱼和植物。

或许你曾有过"清"的能力的高峰体验，在那个时刻，你的感官突然变得格外明亮和清晰。它可能是被落日浓烈的美丽、深刻感人的音乐，或者对爱人、婴儿温柔地触摸所激发。有些人（比如我）特别喜欢旅行或冒险，是因为新的景象和声音会邀请我们去感知我们平常不会注意到的小细节。培养"清"的能力的肌肉意味着你每天都能看到更多生动的细节以及其中丰富的差异。

在看听感科学正念中，你会培养自己对正在经历的任何事都保持好奇的态度，并由此来培养感官的"清"的能力。你将有能力在体验中，开始清晰地辨别其每一个独立的构成部分。另外，你还会有能力在更深的层次上，对正在发生的体验进行觉察。

假设你正在体验一种痛苦的情绪，如恐惧、悲伤或羞愧。你要运用"守"的能力来面对这种情绪，而不是逃避它。你用"清"的能力来检查这种情绪的细节：哪些是你头脑中的声音？哪些是精微的头脑画面？哪些是身体中的情绪引发的感受？这些感受到底位于身体的哪个部位？强度有多强？是稳定的还是随着时间推移而有所变化？然后你用"通"的能力来允许这些体验如其所是，来来去去。

我发现"清"是正念觉知的秘诀，但往往被忽视，因为人们更喜欢"守"和"通"。对感官体验的清晰能让我们厘清那些令人无法抗拒的体验，比如痛苦的情绪或身体疼痛。就像任何大的谜题或问题一样，把它们作为一个整体看待可能难以处理，但当我们把它们分成更小的组成部分时,我们反倒可以相对轻松地处理每一个部分。

掌握了技能并辅以持续的练习,"清"的能力会变得高度发达,你的生活也会越来越有一种鲜活的味道。客观来说,这些事情本身并没发生变化,但你却能更细微地觉察到不一样了,它们呈现出一种更鲜明的生动。这完全不是那种朦胧或梦境似的体验,而是一种体验的超越。这种生动性会提升你的洞悉能力,让你体验什么是丰富。举个例子,通过注意到肢体语言中的微小细节,你发现某位同事今天一定累得要死,所以你就不会把她明显的、挖苦你的话当真。

试试这个在"清"的方面简单的练习。花几分钟时间看看那些你每天都能看到但通常不会太在意的东西,可以是远处的树、街景或挂在墙上的画。用你的注意力,一直盯着它看。带上一点好奇的态度:你又注意到了什么?放大不同的细节,或者将你的目光转移到它不同的位置或特征上(左侧、右侧、中心、外围、颜色、形状)。如果你觉得无聊了,就带着无聊继续盯着看下去。几分钟后,做一个回顾。你注意到什么新的东西了吗?你觉得你的注意力质量是怎样的?

通

"通"可能不是你想的那样:它不是对结果漠不关心,或者不愿意在重要问题上表明立场的"随便"态度;它不是某人被动的行为或表达；它不是压抑不可接受的想法或感觉。我们必须远离这些对"通"的错误解释，因为它们包含的是不健康的回避或否认的意味。"通"是一种开放的态度，是一种允许体验如其所是的技能，是完全地允许自己去感受，不管是否喜欢正在感受的东西。

"通"是一种允许感官体验自由来去的能力，而不是抗拒它或抓取它。

理解"通"的关键在于，它与你的主观感官体验有关，而与你在这个世界上的客观行为无关。"通"让你既不干涉也不抵抗你正经历的体验。这就是你的临在状态。看似自相矛盾的是，不干涉不抵抗却能让你行动时更自由。"通"的方式既不试图通过压制、否认或抵抗体验来应对体验，也不试图去认同或固化体验，而是区别于前两种方式的第三种方式。"通"可以通过你整体的存在状态在各个方面以开放的方式展现出来。在头脑中，它是敞开的好奇；在身体上，它是一种放松的感受；在意志中或心里，这是一种平常心的良善：全然地接纳你的体验。

在一次与我丈夫的独木舟之旅中，我全然地体验了一把"通"的感觉。那次体验发生在秋天，不再有夏虫的干扰，那是在连续三个阳光灿烂日子里的最后一天。当时我们注意到远处有雷云，便赶紧收拾行李——因为担心租来的铝制独木舟会被闪电光顾。几个小时以后，我们听到隆隆的雷声。我们在一条介于悬崖和沼泽之间的河道上，没有上岸的地方，所以我必须竭尽全力向前划桨。然后我注意到自己的肩膀上有一种恐惧带来的紧张和指责、愤怒的想法，比如，"他怎么能让我们陷入这种糟糕的境地？"但当我有觉知地"意识"到这种愤怒时，不知为什么，我忽然觉得此刻这样愤怒的感觉很傻。然后愤怒就消失了，随之而来的是，我完成了自己有史以来最好的划桨动作，双臂拥有无穷力量。天知道竟然有这么多的能量被困在了情绪里！

这个故事说明，"通"是抗拒的反面，是一种消除压抑、紧张或固化倾向的方法。抗拒或不流通，会固化、放大或阻碍我们的感官体验。通过学习"通"的能力，我们可以减少不必要的痛苦、弱化限制我们体验满足感的抗拒，正如我们在前文提到的两个魔法公式中所看到的：

痛苦 = 疼痛 × 抗拒

满足 = 愉悦 × 通

当你将"通"带入一个情景中，减少抗拒，你的体验和能量就会更容易流动，就像我在划桨时体验到的，那些被困在愤怒感中的能量得以突然流动起来。

在看听感科学正念中，你可以有几种不同的方法来培养"通"的技能。你可以有意识地通过试着保持全身放松的状态来创造身体上的"通"；你可以有意识地通过试着暂停消极评判，代之以一种接纳的态度，温和地尊重事实，从而创建内心的"通"；重要的是，你可以在"通"自然而然地呈现时就注意到它。你对它呈现的机会越是敏感,它就会越频繁地出现,持续的时间也会越长。

通过练习和对"守"与"清"的能力的培养,你可以学会去觉察"通"的独特味道。这比"守"所带来的已经存在的平静要微妙得多。它可以给人一种开放感和松弛感。那感觉有点像我在十几岁时用的磨砂膏,虽然粗糙但清洁效果显著。

试试这个简单的"通"的练习。在你下次感到紧张或有压力的时候,坐五分钟,把你的注意力放在你的整个身体上。注意上半身的哪个部位是紧绷的:那可能是你的肩膀、下巴、前额、胸部、腹部。在你每次觉察到紧绷的时候,有意识地把那个部位放松到你能够做到的任何程度。过了一会儿,你可能会注意到在同一部位或其他部位又出现了紧绷。那就再一次地,尽你最大的能力放松这些部位。如果你不能让这些部位放松下来,那就简单地观察它们,尽你所能地以接纳的态度如其所是地去适应它们,而不要期望紧绷消失。做完这个练习后,你注意到了什么?如果身体的紧绷感还是一样的,但你不会那么被它困扰,这就说明你已经对"通"有了一些体验。

三组练习类型

目前在不同的课程中所教授的各种正念练习,最开始是在各自独立的情况下发展出来的。每一种文化传统都有其独特的偏好。在

21世纪，我们可以把这些练习方法结合在一起，所以我们需要一种方式来组织和整合它们。根据我们在第4章中看到的U形曲线（见图4-1），我将这些练习整合成了三种比较宽泛的维度，它们与我们个人发展过程中所涉及的当代心理学知识是相关的。这三种与U形曲线相关的练习维度是（见图6-2）：欣赏自我与世界（appreciate self and world），超越自我与世界（transcend self and world）以及滋养自我与世界（nurture positive in self and world）。下面是对这三种类型以及每种类型里的练习的概述。

欣赏自我与世界，包括那些旨在带着彻底的自由和完整性去经历感官体验的正念练习。我们通过把注意力更多地放在每时每刻发生的事情上（MoMo），从而暂停我们自动化的思维、感觉和行为（DAN）。我们只是如其所是地欣赏自己和世界。矛盾的是，通过深入观察而不试图改变任何事情，我们反而对改变敞开了大门。我们开始观察我们曾经忽视的感受、思想和感觉，从而从之前的无意识模式中分离出来。随着对无意识模式的看见，我们会更少地做出自动化的应激反应。有了来自MoMo的新信息，我们更有能力以更微妙的方式做出回应。我们平常的自我像是一个编织得很紧密的篮子，一根根篾条被紧紧地绑在一起。正念的注意开始让篾条松开，更多的信息被允许透进来。当我们能够超越DAN的狭隘限制和即时反应时，我们就可以自由地以新的、更适当的方式做出回应。

欣赏自我与世界　　　　　　　滋养自我与世界

超越自我与世界

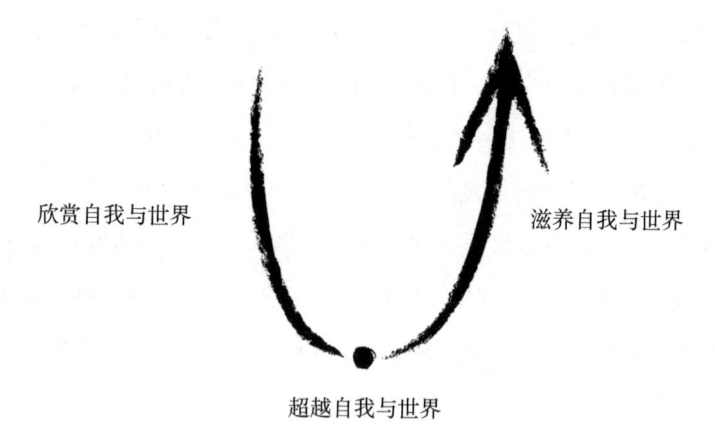

图6–2　与U形曲线对应的三种练习维度

超越自我与世界，这种类型的练习能够让我们接触到超越感官体验之外的东西。现在，我们自身临在的篮子变松散了，我们可以允许新的东西透过缝隙流进来。我们将注意力转向我们的感官体验和概念性思维所能探测到的边缘，以此来与未知接触，向未知敞开心扉，培养在不确定中歇息的能力，让自己安住在超越的空间中。我们允许自己被更神圣的存在触碰。我们从正念的练习者变成被"正念"改变的人。

滋养自我与世界，是对自我进行再造的练习方法，旨在创造一个全新版本的DAN。伴随人生历练、成长与成熟，我们的自我总是在变化中——当你回顾5年、10年或20年前的自己时，你就会看到这一点。"培养积极性"让我们用对我们有意义的价值观或愿望来引导这种成长。我们通过选择性地去关注积极的情绪、理性的健康思考和积极的行为来做到这一点。随着我们自我的篮子变得松散，开始对新的东西开放，我们可以积极培养新品质，引导愿望，并以全新的健康的方式改变我们的个人叙事。这是进行慈悲心练习、尝试视觉化、重置意图设定（intention setting）、重构认知（cognitive reframing）或祈祷的地方。在这里，你超越现在的存在方式，发展出一种更新的存在方式，让自己在这个世界既更富有同情心，又更有成效。

坐姿练习：时间、地点和姿势

我们将会在下一章深入探讨各种正念练习方法。与此同时，既然你已经坚定了你的动机，学会了呼吸练习，接下来你可能要尝试定期地做练习。像任何技能一样，正念是通过实践来学习的。最终，你将能够在一天中的不同时间里练习一个或多个方法，但现在让我们先简单地开始。坐姿练习绝对不是正念的唯一方式，但对许多人来说，这是练习的基石，因为这是一种可以让自己同时放松和警觉的简便方法。下面是一些定期进行坐姿练习的指导原则。

为了培养一种持久的习惯，养成日常规律是有帮助的——它可以作为你做练习的触发器，最终成为一种自动化的行为。就像进行任何新的日常活动一样，刚开始你会觉得困难。如果你是一个讨厌例行公事的人，或者你的生活完全不是例行公事，那么你可以给自己设定一个创造性的挑战,用新颖的方式每天培养正念练习的习惯。

时间

以下是培养与时间相关的习惯的原则。

- 在大部分的日子里,每天都能进行不少于 10 分钟的坐姿练习。
- 从小目标开始,逐步增加时间。当你对 10 分钟的练习感觉舒适的时候,试着练习 12 分钟,然后试着练习 15 分钟。许多人每天坚持练习 20~30 分钟,还有的人练习时间更长,每天长达 40~60 分钟。
- 关键是练习的持续性而不是练习的时长。几乎每天都练习 10 分钟比每周练习几次、每次 30 分钟要好。如果你因为休假、家庭事务、工作等原因而受到干扰,每天尝试做 5 分钟的练习也比不做练习要好。如果有必要,你可以躲到洗手间里练习 5 分钟!如果你开始了练习,后来放弃了,不要自责。你只需要再"回到你的马车上",然后重新开始。
- 试着在一天中找一个没有事情干扰的安静时间。对许多人来说,这意味着在清晨,或在家的时候,或工作的时候,或在睡觉之前。对其他人来说,也可能是在通勤路上。大多数人在一天中都有自己喜欢做练习的时间;另一些人则在每一天的开始和结束时练习两次,用正念的觉知来开启和结束他们的一天。

- 使用手机上的计时器或应用程序来设置时间。一旦你设置好了你的计时器，尽量坐着不动，直到你设定的时间结束。如果你必须要移动，那就带着觉知移动。

地点

以下是培养与地点或空间有关的习惯的原则。

- 最重要的是要有一个随时可以用来做练习的地方。尽管有些人喜欢用图片、蜡烛或特殊的物品来提醒自己这是他们的正念场地，但它并不需要是一个特别的地方。安静和不受打扰是最好的，但这并不总是可能实现的。如果你的场所里没有一扇可以关上的门，你可以在自己的上方挂一个"请勿打扰"的牌子！
- 这个地方可以是一个小房间，更有可能是你每天使用的一个房间的角落。你可以买一些适合做练习的用品，比如专门的正念坐垫或坐凳，或者方便你使用的任何东西。如果你用的是一把椅子，那么有一个相对直的椅背会有帮助，比如在办公室或厨房里用的椅子。有些人会使用符合人体工程学的椅子。

姿势

有没有一种理想的正念姿势？答案是有。你正在培养的是一种既放松又警觉的姿势：这正是正念所培养的注意力的品质。哈佛商学院的社会心理学家艾米·卡迪（Amy Cuddy）博士的研究表明，简单地改变身体姿势就能影响我们体内的化学物质；身体化学物质的变化能引起思维的变化。[37] 这与正念练习特别相关。我们习惯于要么警觉并紧张、要么放松并松懈，但你正在培养的是一种可以兼具两者优点的姿势。如果你习惯保持警觉，你可能会发现放松是件困难的事，打盹犯困对你来说挺难；如果你习惯放松，你可能会花些力气变得警觉起来。把这一点想象成骑自行车：骑得太慢，你会摔下来；骑得太快，你就会失控。不要急于马上就会有正确的姿势，那可能需要一段时间来培养。

尽管人们对坐姿有些刻板印象，你也不需要以扭曲的姿势坐在地板上。盘腿打坐的姿势起源于亚洲，那里的人已经适应了坐姿或蹲姿，而不是像西方人习惯于坐在椅子上。如果你觉得比较舒服的话，你可以坐在地板上，双腿交叉，但脚踝不需要交叠，即散盘。如果你能做到这一点，你可以用四分之一盘坐、一半盘坐或者是完全莲花坐的姿势。使用大号的坐垫或特别设计的坐垫会增加舒适感。如果你坐在椅子上，请坐在椅子的前端，这样你的背部是直立的，没有支撑。下面是可以帮助你培养一种既放松又警觉的坐姿的一些要点：

- 脊柱直立并平衡；
- 臀部高于膝盖；
- 胸口展开，肩膀向后转动并放下；
- 头部直立于脖颈之上，下巴略向内收，下颚略放松，眼睛可闭上、睁开或半睁半闭；
- 双手保持既放松又警觉的姿势。

背部直立，身体的重量平衡并均匀地分布在盆骨上，头部重量均匀地分布在颈部，这些姿势都有助于提高警觉。背部直立不是背部呈直线，而是舒缓的 S 形曲线。在背部出现弓起或腰部弯曲就说明你做过头了。如果你发现自己拱起了背部或脖子，那说明你太紧张了，所以要调整好姿势，让自己更放松、更平衡。如果你发现自己无精打采，说明你太放松了，所以要直立你的脊柱。随着时间的推移，你的背部肌肉将能够很容易地支撑一个背部直立的姿势。你的医生或脊椎按摩师会为此感谢你的！让你的臀部略高于膝盖也能支撑背部直立。你可以在臀部下垫一个垫子（放在椅子上或地板上），或者在背后垫一个垫子（在椅子上）。

放松可以从几个方面得到加强。将下巴稍稍向下收，这样牙齿之间就不会碰触，你最大限度地减少了咬紧牙关的程度，并带动了头部和肩部区域的放松。闭上眼睛有助于集中注意力，但也会导致困意。如果你太困了，要么睁开眼睛，要么保持半睁半闭的"远山凝望"的姿势（即远眺、虚焦）。

双手既放松又警觉，例如，呈杯状放在膝盖上，手掌向上，惯用手放在非惯用手的上面（这可以有助于你身体的惯用一侧放松下来）。如果你在练习期间因为感觉不舒服而需要调整姿势，那也没关系，但请带着觉知调整姿势，而不是仅仅因为你坐立不安而调整。

坐着的时候可以做什么练习？任何练习都可以。你可以专注于呼吸或使用看听感科学正念体系中的任何方法，我们下面就开始学习这个体系的方法。

第 7 章

欣赏自我与世界之一：探索感官体验

Mind Your Life

第 7 章　欣赏自我与世界之一：探索感官体验

或许你已在最近的守、清、通练习中体验到了一次高峰状态，又或者我已成功让你相信这种正念技能是值得掌握的。那么，你又该如何持续培养这些技能呢？在接下来的三章中，我将介绍看听感科学正念体系中的各种方法，并将它们按主题分成三组：欣赏自我与世界、超越自我与世界以及滋养自我与世界。如果将这些方法放在一起，你会发现它们是一套综合的体系，源自世界各地的各种传统中的正念方法，在经过验证后，被重新组织设计并使用一种通用的现代语言来进行表述。这些方法都能教会你如何调整自己的注意力，无论你是想要练习将注意力转移到哪里，还是练习如何完成这样的转移。你无须掌握所有这些方法，选几个你喜欢的方法进行学习和实践，或者尝试在不同的情况下使用不同的方法。如果你喜欢尝试多样的技术，那你就可以选择深入地学习；如果你觉得练习方法太多，压力太大，也不要担心，因为其实每一种方法都能培养守、清、通的核心能力。

让我们从"欣赏"这个主题开始。在这里，我们将深入地观察自己和世界的本来面目。我们不试图改变任何事情，但通过接纳我们的体验，我们将自己开放以迎接改变。

探索感官体验的基本技术

探索感官体验的基本技术是"欣赏"这个主题下的核心技术。当你练习时,你是在探索你所有的思绪、感觉和身体感受,这包括了世上所有的景象和声音,以及你与他人的所有互动,可太多了啊!总的来说,这些感官体验往往会是铺天盖地的,以至于在它们的影响下,你会匆忙地回到让你感到安适的自动化(DAN)的状态。所以我们可以采取一种拆解的策略,通过将注意力聚焦于我们最基本的感官功能来实现这种拆解。

我们很快会讲到更多细节,但首先让我们来做一个10分钟的体验练习。

品味感官体验

让身体直立且放松地坐着,从坐姿上看,你既带着警觉又有点好奇。现在闭上眼睛。以身体的感受作为你的聚焦范围,将你的注意力放在任何物理或情绪因素引发的身体感受上,在开始的3~4分钟里保持对身体体验的关注。

- 把注意力放在你的身体上。可以从身体的中央核心部位开始,或者从其他任何地方开始。比如,呼吸带给你的身体感受,身体与椅子或垫子接触部位的身体感受,胃部或肌肉的轻柔

第 7 章 欣赏自我与世界之一：探索感官体验

运动，全身放松的感受，甚至是情绪流经你身体的过程。你可以采取系统的扫描方式，从头顶开始，向下移动注意力直到脚趾，或者以随机的方式移动你的注意力。身体是一个广阔的世界，所以如果你想选择一个小一点的区域，那也是可以的（比如呼吸）。

- 每隔几秒钟（3～5秒钟），轻柔但有意识地关注你现在正在体验的身体感受的一个方面，并在内心说出"感"（feel）这个标签。这个标签帮助你将注意力锚定在你正注意的东西上。所以，假如我在你的大脑里的话，我会听到"感……感……感"。用温和而中立的语气来加标。如果你发现自己的注意力从身体的感受上游离走了，比如，游离到了外部环境的声音上或内在的思绪上，轻轻地把它带回来。

- 一遍又一遍地重复这个过程，享受这个对你身体的宇宙进行了解的过程。

接下来，将你的注意力转移到视觉的体验上，如果闭着眼，你可以专注在所能看到的任何内在画面上；如果睁着眼睛，你可以尝试关注周围任何的器物或画面上，在接下来的 3～4 分钟内保持对视觉体验的关注。

- 把你的注意力带到视觉空间里：这一区域在你的头部，刚好在眼睛后面。你将在这个区域来探索视觉体验，包括来自内在之眼（the mind's eye）的视觉体验以及对光和景象的外在视觉体验。你能够从这个视觉空间看到什么？

- 闭上眼睛，看看你内在的视觉屏幕你可以看到一些视觉图像，或是透明明亮、黑暗或灰度空白。对你正在注意到的东西感到好奇。

- 每隔几秒钟（3～5秒钟），轻柔但有意识地关注你现在视觉体验的一个特定的面向，并在心里说出"看"（see）这个标签。在内心重复对自己说出这个标签："看……看……看"，这会帮助你将注意力锚定在你正在注意的事物上。

- 现在半睁眼睛，这样你会看到光的印象，而不是形状。在这个放松的、半睁半闭的空间里，你看到了什么？重复加标："看……看……看"。

- 现在完全睁开你的眼睛，就像你在日常生活中那样，这样你看见了颜色和形状。以同样的方式进行探索：你完全睁开眼睛看到了什么？重复加标："看……看……看"。

接下来，将你的聚焦范围转移到听觉体验上，将你的注意力集中在你听到的外部的或脑海中的任何声音上。在最后的3～4分钟里保持对听觉体验的关注。

- 把你的注意力带到听觉空间里，也就是你头部两耳之间的区域。你将这个空间作为去探索听觉体验的基地，你的听觉体验包括你脑中独白的内在声音（我们的朋友DAN的默认叙述）以及外部环境中的声音。你在这个空间里听到了什么？听的时候，你可以根据你的偏好选择闭上眼睛，或睁着眼睛。

- 每隔几秒（3~5秒），轻柔但有意识地专注于听觉体验的一个方面，并在内心里说出"听"（hear）这个标签。如果我在你的大脑里，我会听到"听……听……听"，用温和的、如实的语气来加标。如果你的注意力离开了听觉体验，轻轻地把它带回来。
- 重复这个过程，一遍又一遍，直到你的练习时间结束。

觉注

以上的练习描述了正念的一个维度——**关注什么**，也帮你更深入地探索了你的注意力所聚焦的地方。正念的另一个维度是你**该如何去关注**。刚才，就在你"轻柔但有意识地"专注于体验的某个方面，并使用加标来帮助你观察自己的体验时，你就已经在练习了。我们把这种练习方法称之为觉注（noting）。由于你已经将缠结的感官体验拆解成了不同的体验流，你便自然有机会深入了解其中的任何一种具体的体验。如果说前文介绍的体验学习能帮你探索 MoMo 体验的广阔世界，那么觉注就可以帮你突破 MoMo 式的浅尝辄止。

通过觉注，你能深刻地体验所有的感官。

觉注好比是在通过显微镜看东西：日常运用注意力时，就好像是瞥见一粒灰尘——你最多只会想自己要不要洗个手。但打开觉注模式的关注，就像是你的眼睛（实际上是你所有的感官）自带放大镜：你能开始注意到之前根本无法注意到的细节、层次和联系！

觉注让你能清晰地知道感官体验是存在的，并让你能够轻柔地、用适合自己的节奏有意识地专注于它们，而你的正念觉知就在这样的练习中得到了培养。

觉注由深度关注行为的有节奏的脉冲组成，以一种适合你的方式节奏（例如，每3~5秒一次）进行。每个脉冲包括两个部分：

- 开始注意到或确认某种特定的感官体验；
- 在短时间内专注在那个体验上。

当你在觉注时，可以使用加标的方式。加标是用内在的或口头的词语来命名你当时正在关注的特定感官体验。你可以默默说出这个标签，或者在合适的时候大声说出来。在探索感官体验的练习中，标签就是——你肯定猜到了——"看""听""感"！

运用觉注，你可以这样培养这三个核心能力。

第 7 章 欣赏自我与世界之一：探索感官体验

- 通过保持一个稳定、有节奏的步调，例如每 3 ~ 5 秒钟，你可以培养"守"的能力。如果你注意到你已经停止加标和觉注，这就意味着你走神了。
- 通过有意识地专注（觉注的第二个部分），注意到你体验中的细微差别，以及通过在练习中带着好奇和探索的态度，你可以培养"清"的能力。
- 通过使用一种温和的、尊重事实的语气来加标和通过培养一种对正在发生的事情不偏不倚接纳的态度，你可以培养"通"的能力。

千万记得，当你在进行觉注的时候，你绝不是在尝试理解或弄明白什么，那叫思考！相反，你就只是观察和继续练习：这是鸽子的声音；一辆汽车开过去了；那是大厅里某人的笑声。

探索感官体验的实践

让我们更详细地讨论一下探索感官体验的基本方法，这样你就可以自己自信地练习了。首先，我将提供练习过程中的步骤，其次向你展示对这些练习进行概述的通用表格，最后对每个方法做更详细些的介绍。

练习步骤

1. 至少在开始的几分钟内确定你的聚焦范围。它可能是视觉的、听觉的或身体的空间。
2. 把你的注意力引导到确定好的地方。把你的注意力想象成你可以有意识地引导的东西,就像是一个台球。通过练习,你的目标将是稳定和放松的。
3. 开始有节奏、有顺序地觉注,加标为"看""听"或"感",以帮助你锚定注意力。
4. 在设定的时间里将注意力保持在聚焦范围内,一遍又一遍地重复这个过程,建议至少练习3~5分钟。
5. 当你完成这个练习后,你可以继续做其他练习或根据自己的意愿继续让注意力保持在这个空间中。你可以事先决定你要遵循的练习顺序,或者有意识地转换你的聚焦范围,这取决于你在练习的时候发生的情况。享受你的练习吧!

感官体验概览

以下总结了探索感官体验的四种方法,包括在每种方法中将注意力放在哪里、加标的应用,以及你可能体验到的内容的范围(见表7-1)。稍后我将针对每一点做详细介绍。

表 7–1　　　　　　　　　　　感官体验概览

方法	注意力所在	标签	注意内容的范围
只看	**视觉空间** 在你的头部，就在你的眼睛后面的空间。向外看所看到的外在的东西（睁眼时）；向内看所看到的内在头脑屏幕（闭眼时）	"看"	实物影像、头脑画面、视觉休歇状态、视觉流的状态
只听	**听觉空间** 在你的头部比较靠后的双耳之间的空间。倾听你所听到的任何外界环境中的声音（物理性的声音或寂静），或者内在的声音（内在的头脑谈话）	"听"	物理性的声音、头脑谈话、听觉休歇状态、听觉流的状态
只感	**身体空间** 在整个身体之内、表面或略微超出整个身体界限，包括客观的物理身体和主观的情绪性身体	"感"	活跃的或休歇的身体感受、活跃的或休歇的情绪身体感受、身体流的状态
看听感	不限制聚焦范围，包括上述所有的空间	"看""听""感"	觉注出现的或引起你注意的任何体验
可选用的适用于任何方法的标签		"去"	

关于"去"的简要说明

你也可以在所有这些练习方法中使用"去"（gone）这个标签。"去"指的是一段体验的全部或部分骤减或消失，而你碰巧注意到了它。这可能是一个声音的结束、一次呼气的结束，或者电视上的一个图像消失不见。注意到细微的"去"会提升你的"清"的能力。在这个瞬息万变的世界里，体验"去"的时刻有助于提升

"通"的能力（只有在你有意注意到或者碰巧注意到某样东西消失的时候，才使用"去"这个标签）。在第 9 章的"超越自我与世界"主题中，你将会再次学习"去"。

只看：聚焦视觉体验

通过"只看"（Just See），你正在探索的是各种各样的视觉体验，包括客观世界的外在景象和内在之眼的图像。在练习时，你可以选择睁眼、半闭眼或完全闭上眼睛。

把你的注意力放在视觉空间上，它位于你的头部、眼睛后面的位置（大致对应于大脑的视觉处理部分）。睁开眼睛，你就可以把注意力带到你周围的现实景象上。闭上眼睛，你就可以把你的注意力带到在眼皮内看到的景象上。我们将其称为你的内在头脑屏幕。通俗地说，我们也可称之为内在之眼。

你的体验范围可以涉及如下内容。

- 当你睁开眼睛时看到的任何实际的景象，无论这景象是固定的还是移动的。
- 当你的眼睛微睁，但又保持放松的时候，你用柔和的、不聚焦的目光看到的无论什么景象，比如光影或黑暗。
- 你闭着眼睛时所看到的在头脑里出现的活跃画面。
- 你闭着眼睛时，头脑中并未出现活跃画面——那是一种或明亮或黑暗或灰度空白的视觉休歇状态。

第7章 欣赏自我与世界之一:探索感官体验

- 视觉流的状态。当你的眼睛睁开时,那可能是可见的物体运动;当你的眼睛闭上时,那可能是内在画面的变化;当然,那也可能是你视觉场域中的任何一种旋转、闪烁或像素(颗粒)。

如果此时你加标,加的标签是"看"。所以我应该每隔几秒钟就能在你的脑袋里听到"看……看……看"。

如果你想使用"去"这个标签,你可以在睁着眼睛(相对容易发现"去")或闭着眼睛(相对更难发现"去")时使用。在睁着眼睛时,"去"可以用在某物消失时(一只鸟飞出了你的视野;当你行进时,行人或物体从视野中经过)。当闭着眼睛时,"去"可能意味着内在视觉图像的消逝。

你通过选择只专注于视觉体验来培养"守"的能力:当你发现你的注意力被吸引到你听到或感觉到的任何事情上时,只要轻轻地把你的注意力重新带回到视觉体验上。你通过不抗拒或压制其他体验来培养"通"的能力:当你在做"只看"练习的时候,你几乎肯定会听到周围的声音,感觉到一些身体上的感受。这是正常的。只需要把它们放在你觉察的背景中,而把视觉体验放在前景上。即使其他的体验相当强烈或令人不悦,也不要把这些体验看成是糟糕的,不要认为自己没有做对。试着中立地觉注和接纳所有的体验,无论它们是愉悦的还是令人不悦的。你通过学习去发现视觉体验的不同品味和强度来培养"清"的能力:你将越来越能觉察到微小的视觉细节以及颜色和形式的变化，对头脑里的视觉图像的内容、形状和运动也会越来越熟悉。

"只看"练习

1. 睁眼时，将你的注意力带到你所看到的视觉景象上；闭着眼睛时，将注意力带到你头脑的内在画面或灰度空白上。
2. 在视觉空间内开始有节奏、有次序地进行觉注；每一次觉注的行为都代表着开始注意到一个外在的景象或内在的画面，然后有意识地短暂聚焦其上。
3. 如果你想要加标，这个标签是"看"。
4. 如果某一景象或视觉图像的全部或部分骤减或消失，而你碰巧注意到了，你可以选择使用"去"这个标签。
5. 重复这个过程，建议至少练习3~5分钟。

只听：聚焦听觉体验

通过"只听"（Just Hear），你可以探索各种各样的听觉体验，包括环境中的外在声响与头脑内部的声响和人声。这些内心独白和评论是你思考过程中的听觉成分。头脑屏幕上的内在图像和头脑内部的对话一起构成了你的思维。

把你的注意力放在听觉空间中，它大概位于你的头部中心，在两耳之间的区域，处于视觉空间在头部所在的区域更靠后一点的位置。

从这个地方开始，将你的注意力引导到外部，即你周围环境中的声响上，或者引导到内部，即你的内心思考的声音上。

你的体验范围涉及下述内容。

- 当你将注意力带到外部环境中的声音时，你听到的活跃的外部声音。
- 当你将注意力带向外部环境中像是寂静或没有声音的状态时，你所察觉到的休歇状态。
- 当你将注意力带到内在的头脑谈话的声音上，或者像是萦绕在你的脑海中的一首歌上时，你所听到的活跃的内在声音。
- 当你将注意力带到内在头脑中没有内在谈话的安静状态时，你所察觉到的休歇状态。
- 听觉流的状态，例如外在环境寂静中的嗡嗡声或内在对话下的细微扰动声。

如果此时你加标，加的标签是"听"。所以，如果我在你的头脑里面的话，每隔几秒钟我就会听到你在加标，"听……听……听"。

如果你想使用"去"这个标签，那就在任何外界声音或任何内在头脑谈话结束或突然减弱时使用。

通过选择性地只关注听觉体验，你培养了"守"的能力。无论何时，当你发现你的注意力被吸引到任何你感觉到的或看到的东西上时，就重新把你的注意力带回到听觉空间。通过用平等中立的方式来欢迎愉悦和不愉悦的声音——如同同样欢迎吵闹的和安静的孩子，以及通过将其他的视觉或身体体验放在背景中，你培养了"通"的能力。你通过搜寻你所听到的外界声音在音调和律动方面的变化，以及通过辨别内在头脑谈话的内容和活动，你培养了"清"的能力。

"只听"练习

1. 把你的注意力带到你所听到的声音上，不管是外界的声音还是你头脑里的内在声音。
2. 在听觉空间内开始有节奏、有次序地进行觉注；每一次觉注的行为标记都代表着开始注意到外部或内部声音，然后有意识地短暂聚焦其上。
3. 如果你想要加标，标签是"听"。
4. 如果你听到的全部或部分外界声音或内在谈话骤减或消失，而你碰巧注意到了，你可以选择使用"去"加标。
5. 重复这个过程，建议至少练习3~5分钟。

只感：聚焦身体体验

在"只感"（Just Feel）的练习里，你会探索任何一种或全部

第 7 章 欣赏自我与世界之一：探索感官体验

的身体体验，既来自客观的**物理体感**（指身体自然呈现出的感受），也来自主观的**情绪体感**（指情绪带来的在身体上呈现出的感受）。

把你的注意力放在身体的空间里，放在你的整个身体内外，甚至稍微超出身体之外。你可以先关注身体核心部位，也可以直接关注整个身体。你可以从头顶开始，系统地向下直到脚趾（类似于身体扫描的方法）。或者你可以从任何你喜欢的地方开始，按照你喜欢的方式进行。

在身体空间中，你的体验范围涉及如下内容。

- 活跃的物理体感，例如，皮肤触觉、呼吸、味觉、嗅觉，内部器官（如胃、膀胱、心脏、肌肉、脊柱）的感受。
- 休歇的物理体感，例如，身体放松、肌肉放松或肌肉没有处在活跃工作状态的感受。
- 活跃的情绪体感，当你体验到一种身体感受时，你判断它是由情绪带来的（不同情况可能会不一样：心跳加快可能是因为害怕，也可能是来自一次健康的跑步）。
- 休歇的情绪体感，例如，没有强烈的情绪信号出现。
- 身体流的状态，例如，在你的部分或全部身体上的刺痛、脉动、振动、波动等。

每隔几秒钟，你就把注意力引导到身体感受的某个方面。当你开始觉知到身体的一种感受时，你就觉注它。如果你想用加标的方式来帮助你的觉注，这个标签就是"感"，可以指代各种各样的体验：双脚踩在地板上的感觉、心脏的跳动、呼吸带给胸部的活动或下巴的紧张。所以，如果我在你的大脑内的话，每隔几秒钟我就会听到"感……感……感"，尽管相同的标签可能指的是不同的体验。记住，你使用这个标签不是为了追踪每一种身体体验，而是为了让你自己锚定在身体空间中。

"去"的标签在只感中非常容易被用到：无论是在一次呼吸结束时，身体扭动完成时，结束品尝或触摸时，或者在疼痛突然消失时都能应用。

你通过有选择地只关注身体感受来培养"守"的能力。如果你的注意力被吸引到所想、所见或所听的任何事情上，你可以轻轻地把注意力重新带回到身体感受上。你通过将其他体验置于背景中，并且对你正在经历的身体体验无偏好地接纳——无论是愉悦的还是不愉悦的，来培养"通"的技能（这就是为什么有些人会每年至少进行几次长时静坐，通过把疼痛和困倦当作练习对象来培养"通"的能力）。你仔细端详身体上的诸多感受，它们的形状、位置、强度和持续时间；仔细体验已有的或新培养的休歇状态，沉浸于它带来的舒适感受；仔细捕捉身体内部的能量流动状态，以及能量流动时带给身体的被按摩的感觉；发现并细细品味情绪带来的微妙意味，所有这一切让你锻炼并提升了"清"的能力。

"只感"练习

1. 请把你的注意力带到身体上，带到在身体内的、身体外的或略超出你的身体范围的感受上，包括活跃的身体感受、休歇的身体感受，以及情绪带来的身体感受或身体流的感受。
2. 在身体的空间之内开始有节奏、有次序地进行觉注；每一次觉注的行为都代表着开始注意到身体的感受，然后有意识地短暂聚焦于其上。
3. 如果你想要加标，这个标签是"感"。
4. 如果身体的全部或部分感受骤减或消失，而你碰巧注意到了，你可以选择使用"去"来进行加标。
5. 重复这个过程，建议至少练习3～5分钟。

看听感：聚焦每一种体验

使用"看听感"（Note Everything）练习时，你不会将聚焦范围限制在任何一种体验类型上。如果你喜欢变化，或者觉得限制你的聚焦范围太麻烦，这个练习可能会有趣很多；但要是你感觉它太复杂，体验太多了，或者如果你发现没法把平时的胡思乱想和这个正念练习区别开，那这个方法可能不适合你。

在进行特定的只看、只听、只感的练习时，你的聚焦状态是主动选择的：你在主动将注意力引导到一个特定的空间。在练习"看听感"时,你的聚焦状态是反应式的:你并不是有意识地将你的注意力转移到任何一个空间,而是相对被动的,并觉注任何出现的或唤起你注意的感官体验。

当你在"看听感"练习中做觉注时,最简单的方式是一次只使用一个标签。如果我在你的头脑里,我会听到"感……感……看……听……听……看……看……感……感"。如果能做到进一步的练习,你还可以尝试一次觉注两种体验,例如,"感并看""感并听""看并听""看并感""听并看""听并感"。

"看听感"的练习

1. 将你的注意力集中在出现的或引起你注意的任何感官体验上。这可能是视觉空间、听觉空间或身体空间中出现的体验的任何一种。
2. 开始有节奏、有次序地进行觉注;每一次觉注的行为都代表着开始注意到一种感官体验,然后短暂地、有意识地聚焦其上。
3. 如果你想加标,标签是"看""听"或"感"。
4. 如果某种感官体验的全部或部分减弱或突然消失,而你碰巧注意到了,你可以选择使用"去"这个标签。
5. 重复这个过程,建议至少练习3~5分钟。

第7章　欣赏自我与世界之一：探索感官体验

探索感官体验练习实例

我来举个例子说明一个完整的感官体验练习具体会是什么样的。

你喜欢坐在椅子上练习，并找到了一个舒适的直背椅子。你知道你可能会没什么精神，这漫长的一天下来你会觉得累，你便放了个垫子把臀部抬高，超过膝盖的高度，以便让后背正直。你在手机上将计时器设为12分钟。你感觉自己不是特别有能量，所以决定依次练习只感、只听、只看，然后在练习的最后再决定要不要做一下"看听感"。你闭上了眼睛，让自己放松。

刚开始，你把注意力放在你身体的核心区域并调整身体姿态。因为感到紧张，你有意识地抬起肩膀，再落下，并放松下颚，让你的牙齿不至于相碰。你马上就注意到紧张情绪得到了一些释放。（"感……感……"）你把注意力从头顶开始一直引导到脚趾。在最初的几次注意力移动过程中，你保持着均匀的步调，但随后你注意到哪里有点疼痛和紧张，便让注意力在那里停留得久一些。（"感……感……"）过了一会儿，你忽然意识到自己在思考最近的工作，这可能就是你紧张的原因。噢！放下念头。重新将注意力带回到身体上。

现在，你更放松了一些，注意力也更集中了一些，你决定接下来做"看"的练习。你把注意力重新带到头部，即眼睛后面的位置，并闭上了眼睛。你是一个强大的视觉思考者，有很多头脑画面。你对各种各样的画面注意了一会儿，忽然发现一个画面与工作有关。你决定直接将注意力转到这个画面上，试试自己是否能对这段不悦的记忆保持"通"的状态：你刻意用平静的声音大声说出"看"这个标签（尽管你能感觉到自己对它的情绪并没那么中性）。你这样坚持了一分钟左右，然后意识到你已经忘了加标，"陷入念头中"去了。

既然注意力已转移到思考上，刚好处于听觉空间，是练习"听"的好时机，你便切换到了"听"的练习。有那么几分钟，你关注在脑内的声音上，都是那些你希望自己在工作中会说的对话。这次你没再陷进去，而是将其作为脑内对话进行觉注。（"听……听……"）然而，你头脑里的独白开始，又停止了。当你碰巧注意到声音突然消失时，你觉注"去"。最后，你决定在练习的最后把注意力停留在听觉空间上，并将注意力从你的内在对话带到了外部的声音上——让自己休息一下！你身处一条繁忙的街道附近，有各种各样的声音。（"听……听……"）汽车声、汽笛声、人声，有时还有几只小鸟的叫声。有时在声音之间会有间隙，那是切入的一片寂静。（"听……听……"）其实也没什么特别值得留恋的，所以你就只是在享受城市的声音。

这是一个相对有点繁忙的练习安排，所以你决定以"只听"结束。在计时器计时结束后，你睁开眼睛，伸展了一下身体，快速回顾了一下练习过程。实际上，你感觉更放松了，工作中的情况也不再那么让你恼火了。你继续这接下来的一天。

第 8 章

欣赏自我与世界之二：
开启外、内、歇、流的体验

Mind Your Life

第 8 章 欣赏自我与世界之二:开启外、内、歇、流的体验

在第 7 章,你学习了探索感官体验的丰富性的基本方法,它助你超越了默认注意力网络(DAN)的自动化模式。你运用了**觉注**这个方法,深潜到任何你正沉浸其中的感官体验之中。人的感官体验非常繁复多样,探索感官体验的基本方法为你提供了一种简单的技术来将其拆分,将其变成符合你自然感官分类的单一感官体验,更容易进行处理。

在这里,我还要介绍另一类拆分整个感官体验的方法,我将其称为变形方法(variation method)。第 7 章所述的探索感官体验的基本方法与我们的天然感官相匹配,而它的一类变形是从另一个维度出发,是关于我们如何看待自己的:我在这里,你和世界在那里。我们可以据此区分针对**内境(主观)体验**和**外境(客观)体验**的练习。

探索感官体验的基本方法还包括一些相对精微的体验,比如"歇"的状态和"流"的状态,我们一般不太会注意到它们。对大多数人来说,注意力首先会去到那些明显活跃的体验上,比如身体感受或外在的视觉听觉。一旦你主动将注意力引向那些更精微的体验上,比如身体的休歇、情绪引发的身体感受或外在的寂静上,它

们就更容易被觉察到，就像是当你在寻找在树上的一只鸟时，一旦你知道了鸟的颜色和方位，它就会冲着你跳出来。这四种变形方法帮助我们开启外、内、歇、流的体验模式。

杨真善老师说过"精微即重大"。我们经常受到一些不易被觉察的精微状况的影响。身体的紧绷、疲劳，情绪的紧张，还有我们内心的真实独白——所有这些都影响着我们。如果我们没有觉察到它们（大多数情况下我们都觉察不到），它们就会暗暗驱动我们的行为。我们发现自己自言自语："我停不下来！"或"这从哪里来的！"当你对精微状况能有所觉察时，你就能有意识地识别它们的信号，而不是任由它们让你做出下意识的不适当的行为。只要你能开始觉察到自己深层次的模式，就能改变它们或更有效地与之相处。

这四种变形方法各有其独特优点。聚焦"外"（Focus Out），即聚焦于外在世界，有助于你在世界的丰富性中保持稳固；聚焦"内"（Focus In），即聚焦于内在世界，能帮你在最深的层面上了解自己并解开情感上的结；聚焦"歇"（Focus on Rest），即专注于休歇，让你能随时进入美妙的平静状态；聚焦"流"（Focus on Flow）带你认识到世界和你不断变化的本质。

针对这四种变形，我也提供了练习供你选择，你将可以将正念无缝地嵌入到你的一天里。聚焦"外"的方法，在忙碌的时候可以很容易地被应用；而聚焦"内"的方法，则在你坐着不动的时候更容易被应用。

第8章 欣赏自我与世界之二：开启外、内、歇、流的体验

感官体验详表

在第 7 章中，我列出了一个基于看、听和感的感官体验概览表（见表 7–1）。现在，我想进一步对这个表进行扩展（见表 8–1），我将体验内容的范围做了特定分类，将其分为外、内、歇和流。所有这些扩展都是在这个表格上增加的竖列。有了感官体验详表，你就可以按照竖列所针对的内容来辨别你聚焦的对象，是"外""内""歇"还是"流"。

表 8–1　　　　　　　　　　感官体验详表

	外	内	歇	流
	聚焦于外在世界和我们物质的、客观存在的身体	聚焦于内在世界和我们主观的情绪	聚焦于外在和内在世界的休歇状态	聚焦于外在和内在世界的流的状态
看	活跃的外在世界景象 "看外"	活跃的内在视觉图像 "看内"	视觉休歇：不聚焦凝视外在世界或内在空白的头脑屏幕 "看歇"	外在或内在视觉空间的流 "看流"
听	活跃的外在世界中的声音 "听外"	活跃的内在头脑谈话 "听内"	听觉休歇：外在的寂静或内在头脑的安静 "听歇"	外在或内在听觉空间的流 "听流"
感	活跃的物理体感 "感外"	活跃的情绪体感 "感内"	身体休歇：身体放松或情绪平静 "感歇"	身体的或情绪中的流 "感流"

对于"外",你探索你周围的视觉和听觉的外部世界,以及你的身体。

对于"内",你探索内在的、主观的、有关自我的感受,情绪体感,以及构成你的思维过程的内在视觉画面和内在谈话。

对于"歇",你创造或聚焦于内在或外在,身体上或视觉、听觉空间中自然出现的休歇状态。

对于"流",你聚焦于任何外在、内在或休歇状态中的任何流动、振动或冒气泡般的感受。

在应用感官体验详表时,你可以采用与之前相同的觉注方法,以一定的节奏、每隔几秒的步调引导你的注意力。但是现在你会非常明确地辨别出你正在将注意力引导到哪里。这反映在标签的使用上,现在这个标签是由两部分组合而成的,例如,"感外""看外""听外""感内""看内""听内",等等。

聚焦"外"

你的瑜伽教练和诱人的广告都会反复教导你要"享受这个当下",这听起来确实不错,但如果不去度假,不去泡温泉,你又该如何做到呢?通过聚焦"外"的练习,你将瞬间的注意力(MoMo)引导到外在的景象、声音和物理的身体(非情绪的)感

第8章 欣赏自我与世界之二：开启外、内、歇、流的体验

觉上。所有这些瞬时的自然感受只发生在现在。通过将你的注意力锚定在对自然环境或你的身体的瞬间感觉上，你就能做到活在当下，同时也让自己深深地与这个世界进行了一次美妙的同频。

通过"看外"（See Out）、"听外"（Hear Out）和"感外"（Feel Out）来聚焦客观世界的瞬间感受，有几个优点：当你在应对压力、担忧或过度思考时，你可以把注意力从无效的或自我挫败的 DAN（自动化模式），转移到当下的感受上，休息一下。当你正在进行享受的活动（特别是当它即将结束）时，你可以通过将瞬间的注意力集中在这个享受的体验上，从而获得超多的满足感（想想在大热天的锻炼后的一杯冰啤酒）。通过聚焦"外"，你可以探索每一种或全部的身体感受，以及外在世界的景象和声音。让我们先看一下如何应用每个单项进行练习，然后再看看如何将它们作为一个整体进行练习。

看外

通过练习"看外"，你可以逐渐将日复一日平平无奇的世界变成一种视觉享受，培养出一种眼力，能如艺术家般深入观察大自然，如从情人般的眼里看出西施，或如工程师般捕捉到那些繁复细节。在最深的层次上，"看外"可以创造与外在世界融为一体的体验，并不是"你"在看，而是只存在日落、山峦、花朵或爱人的脸庞。

你可以通过不断地将注意力引导到外在的景象上进行"看外"，

让你的注意力自由游走，深入探索正在看的一切。这些景象可能是令人愉悦的（一片花海），也可能是中性的（一面白墙），甚至可能是令人不愉悦的（一地垃圾）。

看外练习

1. 睁开双眼，把你的注意力带到外在的景象上。让你的视线自由地从一个方向转到另一个方向，从一个物体游走到另一个物体，或者是从一个物体上的某个位置转移到另一个位置上。
2. 每当你的视线进行转移的时候（不管是自发的还是刻意的），觉注"看外"。
3. 当你的视线进行转移时，如果你碰巧注意到之前的景象消失了，觉注"去"。

听外

当你练习"听外"时，你可以深深地与你所听到的声音、音调的升降、节奏的脉动同频。在最深处，"听外"可以创造与声音融合的体验，在那里没有"你"在听，只有声音本身。

将注意力持续地聚焦在外在的声音上进行"听外"练习，无论那是自然的声响（鸟叫、交通、机械运行、谈话）还是你刻意挑选的声音（乐器的演奏）。同样，这些声音对你来说可能是愉悦的、中性的或不愉悦的。

听外练习

1. 将你的注意力集中到你的耳朵上。让你的听力在所有这些或远或近的听觉感受上自由游走。
2. 任何时候，当你觉知到一个声音，觉注"听外"。
3. 如果一个声音全部或部分消失了，而你碰巧注意到了，那就请觉注"去"。

感外

当你练习"感外"的时候，你与身体的宇宙变得亲密起来，身体感受多种多样，出现在身体的不同位置并有不同的强度。你将注意力引导到整个身体的任何一种感受上，包括嗅觉和味觉的感受。这些感受可能是愉悦的（美味的食物、感性的触碰），中性的（呼吸、脉搏、尿意、肌肉运作、身体与衣物或椅子的接触，或风吹在皮肤上）或不愉悦的（瘙痒、疼痛、压力、肌肉紧绷、疲劳、饥饿、难闻的气味）。请注意，根据这个定义，关注呼吸属于"感外"练习。你可以被动地让自己的注意力在不同类型的感受中游走，或主动控制它聚焦在哪里或哪种类型的感受上。例如，如果你的背部或膝盖酸痛，但你身体的其他部分很舒服，你可以把你的注意力从不舒服的地方转移到其他中性的或愉悦的身体感受上（比如与椅子接触的感受），或者把你的注意力引导到不舒服的感受上，将开放与接纳注入你的觉注中。当你进行聚焦"外"的练习时，你并不是在通过头脑对身体的各个部位进行清点，而是在与身体进行直接的感官接触。有时你会觉察到一种轻微的针刺感，这就说明这种接触已经发生了。

感外练习

1. 将你的注意力集中在你的整个身体或身体的任何特定部分，包括感觉、触觉、嗅觉和味觉。
2. 当你觉察到一种身体感受时，觉注"感外"。
3. 如果那种感受全部或部分消失了，而你碰巧注意到了，觉注"去"。

看听感外

"看听感外"（Focus Out on All）是一个全面的练习，包括对于身体、景象和声音的所有客观感受。一段完整的聚焦"外"的练习可以从 3 ~ 5 分钟的"看外""听外"和"感外"开始，一旦你对这些感受的每一个空间都建立了感知，就可以做几分钟的"看听感

第8章 欣赏自我与世界之二:开启外、内、歇、流的体验

外"练习,聚焦在所有感受上,然后结束。

看听感外的练习

1. 让你的注意力在身体的感受、景象和声音之间自由游走。在你觉知到的任何体验中进行练习。如果在同一时间出现了不止一种体验,只选择一种来觉注。
2. 根据你所关注的内容进行觉注,"看外""听外"或"感外"。
3. 如果你所聚焦的体验全部或部分消失了,而你碰巧注意到了,请觉注"去"。

聚焦"外"创造正念时刻

你可以通过正式的坐姿练习来精进你所学习到的聚焦"外"的基础技能,同时,这种方法也很适合让你将正念带入每日每时每刻的生活中。下面举例告诉你可以如何练习。你可以将它们进行组合,找到适合你的方法。

- 在任何类型的体育运动中练习:"感外"——聚焦于任何身体感受,聚焦于精微的身体姿势的调整;"看外"——聚焦于周围的任何视觉体验(打出的高尔夫球、跑步时的环境);"听外"——聚焦于任何环境声(挥击网球的声音)。
- 在走路的时候练习:无论是在室外,还是在办公室里,

"感外"——感受你的脚踩在地板上;"看外"——注意屋子慢慢远离视线,越来越小;"听外"——聚焦于周围嗡嗡的背景音。
- 吃饭的时候练习:"感外"——聚焦于享用食物的感受,舌尖上的滋味;"听外"——聚焦于嘴里的咀嚼声或桌边的环境声;"看外"——聚焦于仔细端详食物的摆盘。
- 在听人讲话的时候练习:"看外"以关注所有的身体语言线索;"听外"以持续地关注讲述者的用词及隐含的意图。
- 听音乐时练习:无论是在现场还是通过耳机,用"听外"来区分不同乐器或声音之间的区别,对戛然而止的声音做觉注,加标"去"。
- 看恐怖电影时用"看外"来练习"通"(我可没少这么干!)。
- 在闲适的时候练习:在看一部乏味的电影时、通勤时、偶尔照应孩子时,用"看外"探索你通常不会注意到的视觉细节。
- 在嘈杂的环境里练习:"听外"——与周围此起彼伏的声音同频,区分它们之间的不同,并在不和谐的声音中练习"通"。

聚焦"内"

假如,苏格拉底所说的"了解你自己"是智慧的本质,聚焦"内"就提供了一个窗口来让你观察内在、主观的体验,从而提升你对自己内在的认知。与"外"相反,聚焦"内"会将你的注意力引向你的内在,包括情绪引起的身体感受、内在画面和内在谈话,

第8章 欣赏自我与世界之二:开启外、内、歇、流的体验

这些构成了你的核心主观自我意识。聚焦"内"是非常强大的,你可能会发现它具有挑战性,也可能发现自己并不总是想练习它。你可以选择把它作为长时练习的一小部分,例如,20分钟的练习可以是这样的组合:10分钟聚焦"外",然后是5分钟聚焦"内",最后以5分钟的呼吸练习结束。但是我强烈建议,在某个合适的时间,你一定要把聚焦"内"的练习加入你的练习日程中。

聚焦"内"时,你不是试图去改变自己。你清晰、如其所是地观察你自己,尽力保持"通"的状态。当你探索内在时,你可以在多个层面发现自己。这就好像慢慢降低冰山周围的吃水线,原本隐藏在水下的东西就暴露了出来。更通俗地说,你也可以把它想象成去清理一个被长期忽略的壁柜。

你先是发现了DAN(自动驾驶)的世界:你脑中永远喋喋不休的内在谈话或回旋萦绕的画面。它们可能并没有什么特别的意义,你的大脑可能只是在随意地扫描被存储的过往数据。然而,这却真实揭示了你从未意识到也没有关注过的延绵不断的自我思考过程。"感内"(Feel In)是如正念认知疗法等干预手段的基础,运用这类方法,你能发现自己在想什么,而后质疑它。这个想法确实是真的吗?这个想法是有益的还是限制性的?通过"感内",你也会发现自己情绪的自我强化模式,了解你生活中的幸福基准点是如何被设定的,以及自己乐观或悲观的先天特质是如何被放大的。通过观察这些无意识的模式,你就有了机会对它们进行调整。

你还能发现一些更深层的主观状态，包括过往记忆、困难情绪或不健康的冲动。这里是一个充满阴影的世界，那些体验如此强烈，你不得不把它们紧锁在记忆的储藏室里（心理学上称为否认或压抑）。有些人会将正念练习融入心理治疗中，但我自己的体验，也是许多我的客户的体验，算是很日常的。在我的直接体验里，我没有遭遇过完全陌生的素材或被深深压抑的记忆，但我确实重温了过往的伤痛。当年，它们已部分愈合，现在它们可以重新露面，并在觉知的富氧中被完全疗愈。

聚焦"内"会带来重量级的发现，也是一种疗愈。首先，就如同任何观察技巧，当你能看到自己长久以来不曾觉知的无意识模式时，你就能逐渐开始远离它们。它们失去了对你的控制。其次，聚焦"内"能把大块头的材料分解成可处理的小块，也能帮你处理那些难啃的骨头。比如，如果强烈的情绪或固化的思维模式出现，你刻意把注意力集中在它的组成部分上——情绪引发的身体感受、内在对话和内在画面，那就像解开一个结中的线头，单独处理每一个要素比处理缠在一起的一团线容易得多。最后，通过保持对你的内在体验的专注（守），觉察细微的思绪或感觉（清），保持开放和接纳的欢迎态度（通），你极大地培养了自己的正念能力。

通过聚焦"内"，你可以探索构建自我的情绪体感、内在画面和内在谈话。我将先就每项单独练习进行介绍，然后再介绍组合的练习。

第8章 欣赏自我与世界之二：开启外、内、歇、流的体验

看内

我们通常认为感官体验与身体和五感有关，而与思维无关。但当思考发生时，我们可以发现它们其实位于我们的脑内。当你把注意力引导到你头脑内部的空间时，即"看内"（See In），你会不会观察到自己的头脑内部有画面和对话发生？这些头脑画面和头脑谈话让我们能够实时接触到思维的过程，并成为一种可以每时每刻感知到的感官体验。当然，我们需要先知道具体在什么位置上去观察它。

对于思维的视觉部分，你可以去观察我们称之为"视觉空间"的地方。闭着眼睛最容易做到。把你的注意力放在你的头脑内部，在你的双眼稍靠后一点的位置，在那里你可以找到内在头脑屏幕，就像是内部的电脑显示器或智能手机屏幕。你也许能在这个内在头脑屏幕上发现画面。画面可能清晰或模糊，可能稳定或短暂，内容清楚或混乱，有时看得到，有时看不到。视觉思考者经常发现自己很容易找到这个位置（我可不是这样的人）。当你面对这个画面空间时，千万记得你并不是在试图追踪所出现的每一个画面，这是不可能的。你只是在与视觉思维进行接触。

"看内"的画面并不总是会出现或被你看到。如果它出现并且你也看到了，那就可以遵循下面的方法练习。

看内练习

1. 请将你的注意力带到内在画面空间,在你的头脑之内,在眼睛稍靠后一点的位置。
2. 每当你觉察到一个头脑画面时,把它觉注为"看内"。
3. 如果画面的全部或部分消失了,而你碰巧注意到了,请觉注"去"。

听内

对于思维的听觉部分,将你的注意力带到我们所说的"谈话空间"中。它的位置在你的头脑之内,大概在你的两耳之间;就像是你头脑里有一个内部的扬声器。它位于头部的后面,在画面空间更靠后一点的位置。你几乎总是能够察觉到内在对话。那些话可能是清晰的语句也可能是不清晰的嘟嘟囔囔;可能一串串不间断地冒出来,也可能断断续续。请记得,听内(Hear In)绝不是参与你的内心辩论——那样只能带来更多的思维!你只是在语言形式的思维出现时注意到它,就像坐在河岸上看着水中冒泡或叶片漂过。

听内练习

1. 将你的注意力带到你的头脑内部的谈话空间,大概在两耳之间的区域。

第8章 欣赏自我与世界之二：开启外、内、歇、流的体验

2. 当你觉察到内在头脑谈话时，把它觉注为"听内"。
3. 如果内在谈话的全部或部分消失了，而你碰巧注意到了，觉注"去"。

感内

"感内"是指聚焦在部分的身体感受上，它们从本质上被判断为是由情绪引起的。可能是加速的心跳、咬紧的牙关、紧锁的眉头、翻滚的胃部、自发的微笑，或是心脏周围的温暖感觉。你需要尝试去熟悉存在于身体中的情绪躯体核心（你认为情绪存在于身体的哪个部位）。找到这样（由情绪引发的）身体感受部位是需要判断的，也需要一些猜测和探索。注意，相同感受在不同时间可能会有不同的判断结果。例如，心跳加快可能是因为一次感觉良好的跑步锻炼（这种情况算是"感外"），也可能是由情绪引发的，例如恐惧（这种情况就算"感内"）。

在我看来，在感官体验详表中"感内"这个小格子里所描述的内容是最强大的。通过感内这个方法，我们可以联结到最基本的情绪。有些情绪模式最早可追溯到婴儿期，比我们的理性能力的发展要早开始很多年。在关于情商的文献中有很多关于"杏仁核劫持"的说法。它描述了一种由边缘脑控制的即时情绪反应，反应强度远超刺激应引发的强度。它是由情绪模式或威胁触发的，并且使得大脑新皮质层的理性思考功能丧失。通过感内，你可以去处理那些根

植于你内心深处的情绪。当然，深入骨髓并不一定代表永久。

在进行感内练习时，需要一定的小心谨慎，并请照顾好自己，因为可能会有情绪涌现，而你却不知道它们为何会涌现出来。现在不是把来源搞清楚的时候，你需要做的就是尽你所能发挥出"通"的能力，并把它运用在感受上。如果情绪感受非常强烈，就尝试只关注其中的一小部分。如果它太强烈，那就放弃改用其他方法。对情绪的自我觉察练习有着巨大的回报。当你与情绪引发的身体感受变得亲密时，你将越来越能够在情绪出现时就辨识出它们，并明白是什么触发了它们。慢慢地，你就能在它们的潮起潮落中与之共处，并能更利落、更有技巧地把它们表达出来。

对于情绪体感的感内，可能不是随时随地就能进行练习的。如果情绪体感出现并被你发现了，你可以遵循下面的方法练习。

感内练习

1. 将你的注意力带到感觉空间，放在你的整个身体上并覆盖整个身体。
2. 无论何时，当你觉察到一种你认为本质上是情绪引发的身体感受时，觉注"感内"。
3. 如果那种感觉全部或部分消失了，而你碰巧注意到了，觉注"去"。

第 8 章　欣赏自我与世界之二：开启外、内、歇、流的体验

看听感内

"看听感内"（Focus In on All）是一种全方位的练习，你将所有的由主观情绪引发的身体感受以及思维的视觉和听觉成分都纳入了你的聚焦范围之内。由于这对你来说可能是一个新的领域，你可能需要一些时间来辨别出比较细微的内容，例如视觉形式的思维或情感引发的身体感受。即使你"清"的能力和觉察力都提高了，这些内容也不会总是出现。因此，你可能会发现自己在练习聚焦"内"的时候，在大多数的情况下都在练习这种全面的看听感内的版本，在具体的特定感受出现时，应用相应的感内、看内或听内方法。

看听感内练习

1. 让你的注意力在情绪体感、头脑画面和头脑谈话之间自由游走。聚焦在任何出现的感受类型上。如果同时有多种感受出现，只选择一种来觉注。
2. 根据你所关注的对象来做觉注，"看内""听内"或"感内"。
3. 如果你正专注的某种感受突然消失了，而你碰巧注意到了，就觉注"去"。

运用聚焦"内"来释放情绪

聚焦"外"适合在每天的日常中进行练习，而聚焦"内"，特

别是刚开始时，则是坐在椅子或垫子上练习更容易些。当我们体验到强烈的情绪时，我们通常会感到不知所措。我们的杏仁核会即刻回应，身体也随之发动。那么，该如何做才能跳出这样的模式呢？你可以把一种情绪分解成各个组成部分分别处理，这样对于降低强烈情绪给你带来的影响会有帮助。我们通常所说的"感觉"实际上包含两个部分：情绪带来的身体感受以及与这些情绪感受相关的思维。如果你能够将情绪的组成部分进行分解，那你处理情绪的效果会有令人难以置信的提升。当你能超越即刻的情绪化反应时，你就让自己有机会可以更从容地做出更加周全的回应，而这个回应是调用了头脑、身体和心灵三个部分共同作用的结果。

下面举两个例子来看看聚焦"内"是如何帮助我们识别和分解情绪的。

第一个例子是关于在正式练习中可以进行的探索。你将注意力从你的整个身体转移到你的头脑的内部，旨在开始系统性地针对所呈现的任何体验进行探索。所以你从感觉空间开始，把注意力放在你的身体上，但你发现无法察觉到任何情绪体感，便开始探索别的内容：你继续将注意力转到画面空间，看着你的内在头脑屏幕。你观察到一些图像，一部分平淡无奇，而另一部分看上去像是楼上的那个吵闹的邻居。"看内！"你大声说道，并尝试通过加标把"通"的感觉带进来，即使在那个画面里你正在冲往楼上，对着那个白痴大喊大叫。于是你继续大声地加标，有意识地带着中正的语调说：

第 8 章 欣赏自我与世界之二：开启外、内、歇、流的体验

"看内。"随后，你继续将注意力带到脑内的听觉空间。你好像发现了评论性的谈话，有些是无聊的啰唆，有些是你对你邻居的反应，于是加标说出："听内！"你知道自己的情绪已经被调动起来，所以你将注意力拉回，重新放到感觉空间上，看看你是否能在身体里察觉到任何与情绪相关的感受。果然，你感到下巴已绷紧，并出声加标道："感内。"你现在觉察到你身体上的紧张，而你之前对此没有觉察。大约五分钟之后，你认为这次的练习已经足够了，所以你让自己冷静下来，通过聚焦"外"来专注在情绪离开后身体上仍残留的感受。

第二个例子针对在日常情况下出现了情绪该怎么练习（处理）。比如，你和爱人发生了争吵——这是你们之前无数次争吵的翻版。你决定在通常在晚上进行的看听感练习中对它进行处理。当你坐下的那一刻，你脑子里的声音就爆炸了。"听内！"你大声地用一种平静的语气说出标签，试图把"通"带到这个令你感到痛苦的情景中。然后你把注意力再次转移到身体上：你在身体的许多部位都能觉察到情绪引起的感觉，胸腔、眼睛周围和手上都有一种紧绷的感觉，而且心跳也似乎很快，于是你加标说道："感内。"你所能做的就是继续进行"感内"和"听内"，并不需要费心去应用"看内"。过了一段时间，你开始注意到情绪里的不同意味：这里面有愤怒、有悲伤，甚至还有一点点快乐（它来自你的确信——自己是对的）。你注意到是某些特定的思维模式引发了这些不同意味的情绪体感。

因为你还不能把头脑中内在谈话的音量降下来,于是你把注意力转移到流经身体的所有不同的情绪上,尽可能地把更多的"通"带进来,并说出标签:"感内。"大约10分钟后,你的身体感受到平静的出现,头脑中谈话的音量也开始变小了。练习完成以后更晚的时候,在与爱人对话时,你注意到自己的语气已经不那么尖锐了。通过直面自己的情绪,你降低了激烈情绪可能会导致的惊人举动以及压垮你的潜在风险。从结果来看,或许就是你投射得更少了。

聚焦"歇"

你有没有想过:正念就是为了让你褪去盔甲,变得柔软,能更好、更完全地享受那些舒适放松的状态呢?聚焦"歇"的练习就能让你获得这样的体验。前文所提到的聚焦于"内"或"外"的练习都将注意力引导到你的外在和内在世界中正在发生的、活跃的体验上,而聚焦"歇"时,你会将注意力带到那些相对不活跃的体验上。聚焦"歇"的练习为你提供了一张地图,带你发现各种各样令人愉悦的、细微的休歇状态。一旦知道了它们在哪里,你就总能找到它们。

如果在日常生活中你能注意到自己进入了休歇的状态,或能自然地把自己调谐到那样的状态,那种感觉肯定非常松弛、自然和愉悦。它能很好地缓解压力,帮助你在一天里创造出很多安静愉悦的

第 8 章 欣赏自我与世界之二：开启外、内、歇、流的体验

片刻时光。聚焦"歇"的练习让人感觉太好了，以至于和别的练习相比，你会更喜欢练习它们，练习的频次也会相对更多些。这会帮你创建一个积极的反馈循环，并自我强化这样的积极感受，对于建立一个有持续性的练习习惯会非常有帮助。

事实上，休歇的状态一直都在自然发生，但一直处于我们觉知的幕后。作为人类，我们天生就对环境中的活跃信号保持警惕：比如偷袭的老虎、将至的暴风雨、拐角突现的汽车，或者客户脸上的眉头一紧。关注相对休歇的状态将你带到更细微的信号上。就像听音乐的时候，刚开始你可能觉察不到鼓声，一旦听到了，你就会意识到它是如何贯穿在整首乐曲中的。一旦你学会如何与休歇状态的微妙节奏同频，你便可在任何想要的时候让自己进入这样的状态。

在聚焦"歇"的练习里，你会将注意力引导至身体上的、视觉和听觉世界中的休歇体验上。我将先详细介绍该如何进行针对不同感官体验的练习，然后是全面的休歇练习。

看歇

人类与猛禽是两种最依赖视觉的动物，但有了"看歇"（See Rest），你就会放下这种强烈的依赖倾向。睁着眼或闭着眼练习看歇都可以。

在睁眼练习时，你不聚焦于任何外在景象和形态上，而是有意地让你的目光虚焦，这样你会开始对光线和颜色更加敏感。在武术

中，这被称为"远山凝望"或"心灵之望"。在闭眼练习时，你聚焦于眼睑及其后方之所见，我将其称为"灰度空白"。它通常会是黑暗或光明的混合体，可能匀色，可能斑驳。对某些人来说，这样的看歇是很容易体验到的；但也有些人可能会觉得它有些挑战性，或者只能感知到灰度空白的一个小边角。

看歇练习

1. 把你的注意力带到你的头部，放在闭着的眼睛稍后的地方。你闭着眼睛，聚焦于眼皮后面你所看到的灰度空白。或者你睁着眼睛，让你的目光发散，聚焦于颜色和光的弥散感上。
2. 当你觉察到视觉空间的某一部分处于休歇状态时，觉注"看歇"。
3. 如果你正聚焦在灰度空白上，你可能会注意到黑暗或明亮的部分消失了；如果是这样的话，你可以觉注"去"。

听歇

如果从一个嘈杂的地方走到一个安静的所在，你几乎可以马上感受到安静。听歇（Hear Rest）为你提供了一种方法，让你在通常情况下也能获得这种感受。在听歇的练习里，你会将注意力带到外在和内在世界中的听觉状态上。

第8章 欣赏自我与世界之二：开启外、内、歇、流的体验

当你把注意力转向外，可能会发现环境中的安静状态。除非你在一个隔音房里，环境中一般不太会是完全无声，但你可以尝试在各个方向做一下探索，看看是否能发现一个安静的角落。你还可以将注意力转向内，你可能首先注意到头脑中的不间断对话。但有时，这种喋喋不休会暂停或消失。如果发生这种情况时，你也注意到了，这会是听觉休歇的一个例子。

听歇练习

1. 把你的注意力带到耳朵之间和耳朵周围的区域。
2. 如果你觉察到你周围的任何方向上都没有声音，把它觉注为"听歇"。如果你觉察到没有内在头脑谈话，也将其觉注为"听歇"。
3. 如果听歇的某个部分消失了，而你碰巧注意到了，觉注"去"。

感歇

在"感"的维度上，歇可以包括：在一个合适的身体姿势里，背部肌肉的放松感；横膈膜在每次呼气结束时的释放感；身体中那些不太使用的部位的放松平静感，例如，双手闲适地放置在大腿之上时。在情绪引发的身体感受中，休歇指的是一种平静、中性、未

有情绪流经的状态。当你做"感歇"（Feel Rest）练习的时候，并不是身体的所有部分都是休歇状态——有很多部分会是活跃的，你仍然在积极地呼吸、消化、泵血，让自己保持挺直。你只是把注意力放在那些休歇的部分，而把相对活跃的部分放在背景中。有时候活跃的状态会非常微弱，有时候又可能涉及多个身体部位，"遍地开花"。不过，你总是能找到某处休歇的感觉，比如呼气时肌肉的放松感。

练习感歇时，你可以聚焦于自然出现的休歇状态，也可以主动创造一些机会，让休歇的状态发生。比如，在调整姿态时，先伸展身体，放松肩膀；或针对某个部位，有意识地先收紧后放松；或当感受到由比较激烈的情绪引发的身体感受时，通过深呼吸来松弛紧张感。

感歇练习

1. 将你的注意力带到整个身体上，既包括功能性的客观身体感受，也包括情绪引发的主观身体感受。
2. 当你觉察到身体的某些部位有休歇时，觉注"感歇"。这可能是身体的放松或情绪的平静。
3. 有时，切身体验到的休歇感可能会消失；如果是这样，你可以觉注"去"。

第8章　欣赏自我与世界之二：开启外、内、歇、流的体验

看听感歇

"看听感歇"（Focus on All Rest）是一个全面的练习，包括了你发现的所有休歇状态：感歇于物理体感和情绪体感之上，看歇于外境与内境的视觉思维中，还有听歇于外在的寂静或头脑的安静上。有意识地去创建歇的场景，或让自己变得对它更有觉察力，并能对自身时不时出现的精微的休歇状态有所觉察，是非常美妙的，就像是逐渐发现一处处内在的安静之所——其实它一直都在，只是你从未留意。因为休歇的体验是精微的，并不是在所有的空间都有，你可能发现自己最后会经常练习这个聚焦于所有休歇的全面练习版本。要记得，有一种或几种休歇状态是一直能够获得的，例如闭目看歇或呼气感歇。我们将这种休歇状态或状态的组合称为"轻松歇"。它就像一个可随时按下的刷新按钮，随时随地你都能轻松感歇。

看听感歇练习

1. 让你的注意力在休歇的身体感受或情绪体感、看歇的虚焦凝视（睁眼）或灰度空白（闭眼）与听歇的外在寂静或内在安静之间浮动。
2. 进行相应的觉注，"看歇""听歇"或"感歇"。如果在全部三个空间中都可以找到休歇状态，使用"全歇"加标。
3. 如果你正在觉注的休歇消失了，而你碰巧注意到了，就觉注"去"。

以"歇"助眠

如果你的睡眠不太好——大约 30% 的成年人都会有失眠症状,那么聚焦于"歇"的练习会很有帮助。这是一个你能躺着进行的练习,可以在上床睡觉时练,也可以在夜半醒来时练。

当我们睡不着的时候,大多数人做的第一件事就是担忧。"哦,不,我一定得睡了,不然明天肯定会累死。"这种担忧会让我们更加紧张。所以,审视这种担忧,认识到你虽然无法保证一夜好眠,但可以让自己"一夜好歇"。然后,你可以开始练习:抬起和放松你的肩膀,或收紧和放松你的眉毛,以此来创造放松感。当你躺在舒适的席梦思上时,用每次呼气的释放感来让身体调频到放松感上——"感歇";视觉落在闭目后看到的灰度空白上——"看歇";专注于环绕在你周围的寂静上——"听歇"。即使它不会让你马上入眠,你依然可以尽情享受这些休歇。

举个简短的例子:某天你很快就睡着了却在凌晨 2:30 醒来。你发现自己又在担忧:单位里即将裁员、孩子在学校也遇到麻烦。一开始,你像往常一样辗转反侧,但几分钟后,你决定尝试一下歇。你把姿势换到最享受的睡姿,然后开始练习。你脑中杞人忧天的独白绵绵不绝,因此作为一种应对方案,你决定去倾听外在的东西。

除了火炉的嗡嗡声外,房子里几乎是安静的("听歇……听

第 8 章 欣赏自我与世界之二：开启外、内、歇、流的体验

歇"）。你在这种外在的寂静中沉醉了好几分钟。然后你把注意力转到身体上——好像有一些紧张和烦躁，于是你开始让注意力在身体上游走，去找放松的地方。你发现背部和手臂是放松的（"感歇……感歇"），你再通过先收紧后放松两条腿来带出更多的放松感（"感歇……感歇"）。你现在确实感觉不那么躁动了，便开始尝试同时聚焦于两种歇——外部的寂静和内在的休歇（"感看歇"）。你发现自己可以做到！但有点辛苦，感觉像是在工作了。所以你决定就只让自己和美妙的寂静同在一会儿（"听歇"）。就像这样又过了一段时间，你有意识地停下了加标的动作，然后发现自己开始滑入睡梦中。当被清晨的闹钟叫醒时，你发现自己神清气爽。

聚焦"流"

当你观察物体时，比如一张桌子、一段树干、一个躯体，它们看上去坚固而稳定，但却都是由不断运动的原子和分子组成的。所以从概念上你应该可以理解，所有你观察到的东西到底具有什么性质取决于你观看它们时采用的视角和尺度。聚焦"流"能够帮你从变化或能量的角度来观察体验，是对绵绵不绝永远变化着的宇宙的一瞥。

为什么这与你有关呢？因为这种体验会非常奇妙，你会感觉自己就好似在接受一次深度的按摩；因为如果你正在遭遇一些不愉

快，你可以自信地说"那正在过去"（而不是说"那会过去"）；因为它将你头脑中的固有认知变成真正的状态：变化一直在，没必要去害怕它；因为当你学会在"流"中冲浪，你就能直接体验到自己并不是想象中那个固化的我。你发展了自己复原力中适应变化的那部分。

在练习中，你也许能感受到"流"的状态，也许不能（我将在下文举例子说明）；"流"的体验对有些人容易些，但对另一些人难些；或者，你可能会发现，在某些空间中找到"流"（比如，身体上的流动感）比在其他空间容易些。千万不要觉得你应该想办法让"流"发生或去练习这么做，但当"流"发生的时候能够注意到它是会有益处的。

当你把注意力带到任何一种体验上时，你都可能发现它有可能是稳定的，也有可能有运动的意味在里面：如果那是稳定的，享受这个永恒的、根植大地般的稳固感，就像是一个永恒的"当下"；如果你觉察到了某种运动感，就可以选择聚焦于它。这种运动可以是来自外境或内境，也可能在"歇"的体验中发生。"流"可能明显也可能细微，可能愉悦也可能不舒服。在学习细品"流"的不同味道时，你可能还需要学会猜一下。借助聚焦"流"的练习，你可以探索视觉、听觉或感觉中的某一种或所有带有"流"特性的感受。接下来，我将先详细介绍针对单一体验的练习，最后介绍全方位的练习。

看流

"看流"(See Flow)可以发生在外境、内境或休歇的体验中:如果你闭眼时看到内在画面,那它可能是在移动、变形、消融或变得充满动感;如果闭眼后看到的是休歇的灰度空白,那它可能会出现旋转或像素化;当你睁眼练习"看流"时,你可能会发现那些看似不动的对象、颜色或形状会出现波浪起伏的变化;如果你的目光虚焦,那么进入眼中的光线可能会出现漩涡和变化。这些都是在视觉上出现"流"的例子。

看流练习

1. 将你的注意力带到视觉空间上,包括外在的、内在的或休歇的感受上。
2. 当你觉察到任何视觉的运动、流动或变化时,觉注"看流"。
3. 如果这种流全部或部分消失了,就觉注"去"。

听流

"听流"(Hear Flow)可以发生在外境、内境或休歇的体验中:听外在环境中的声音,你可能会发现音量变大或变小,声音变化的速度加快或变慢;听内在谈话,你可能会发现它时轻时重地环绕着你,遍布在你脑海中。你可能还会在头脑的谈话空间里觉察到一股细微的声音暗流或嗡嗡声,听不清说什么,但它就一直在头脑的背景里待着。所有这些都是流在听觉上的例子。

听流练习

1. 将你的注意力带到听觉空间,包括外在的或内在的听觉感受上。
2. 当你觉察到任何一种听觉的波动、流动或变化时,觉注"听流"。
3. 如果这种听流全部或部分消失了,就觉注"去"。

感流

"感流"(Feel Flow)与你的物理体感和情绪体感都相关。聚焦范围可以很大:呼吸的进出、肠胃的咕噜声、血液的泵动、肌肉或皮肤上向内或向外的压力、任何身体感受的扩散或消散及强度或频率的加大或减弱、深层的振动或起伏感,等等。

感流练习

1. 将你的注意力带到身体空间,包括任何客观的物理体感、主观的情绪体感或休歇状态。

第 8 章 欣赏自我与世界之二：开启外、内、歇、流的体验

2. 每当你觉察到一种变化、压力、移动或动力时，你可以选择把它觉注为"感流"。
3. 如果这种"流"的现象全部或部分消失了，那就是觉注"去"的时刻。

看听感流

"看听感流"（Focus on All Flow）是一个全方位的练习，其中包括了所有可能的流的状态：在物理体感和情绪体感中感流，在外在景象和内在头脑画面中看流，在外在声音或内在头脑谈话中听流。专注于所有流的状态可以放松你内在的僵硬感，就像接受一个全身按摩，解开你的自我中长久以来形成的结。因为流的状态是细微的，你可能不会在所有的空间都随时体验到，那么在这个全面练习的版本中，你会更容易找到它。

看听感流练习

1. 让你的注意力在身体空间、视觉空间或听觉空间的波动、变化或流动体验之间自由游走。
2. 相应地，去觉注"看流""听流"或"感流"。
3. 如果任何流动的体验全部或部分消失了，而你碰巧注意到了，就觉注"去"。

通过"流"来处理不适

在第 2 章,我们看到了亚历克斯的故事,在他从创伤后应激障碍(PTSD)中康复的过程中,我们可以发现,正念练习可以用来处理不适或疼痛。知道自己能有应对疼痛的方法,将大大有助于你强健自己应对不愉悦感受的复原肌。我以我自己是如何应对膝盖疼痛为例,其中包括可以用来接纳和处理不适的多种策略,以及感流的具体运用。

那是一个半日正念的活动,活动中有好几次定时静坐,并穿插着问答。在第一小节,我盘腿而坐,感觉很好;在第二小节,我换了姿势,坐在椅子上;在第三小节,我再次盘腿坐下。我知道自己的膝盖会疼,但我决定直接面对这种不适:我的膝盖没有什么需要看医生的严重问题,而且我知道自己只要站起来就会好的。我决定把这次静坐当作一种短时间、高强度的锻炼,就像现在很多高阶运动教练安排的那样——在 25 分钟内,我不会挪动我的腿。

当我第一次感觉到膝盖的麻痛时,我决定把注意力从这种不适上移开。我让这个痛在那里,但把它放在背景里。在前景中,我进行聚焦"歇"的练习——先把注意力转到身体上,手臂和肩膀是放松的("感歇"),下巴也是放松的("感歇"),再把注意力转至外境,我听到四周一片寂静("听歇"),这个方法很有效,有那么几分钟我似乎都忘了那种不适。但很快,也许是有一些注意力去到了听觉空间,我听到自己脑袋里在进行愤怒的谈话:"真是愚蠢的膝盖！其他人都没问题，为什么就我有状况？会好转吗？"于是，我决定将注意力转至内在，直接放在这种不适上，并尝试拆解它。有情绪吗？有，在胸口有愤怒，在眼睛周围有悲伤，在小腹周围有恐惧（"感内"）。有思绪吗？有，我脑中出现了第一次分娩时的画面（"看内"）。内在对话呢？也有——"怎么会这么疼？"我感到害怕（"听内"）。就这么练习了几分钟后，我意识到自己一直在忙碌，并没怎么注意我的膝盖，于是我把注意力带回到膝盖。

不舒服的程度似乎下降了一点。我能觉察到一种清晰的脉动（可能是血液在流动）。我决定将这种脉动作为"流"，并持续地"感流"了几分钟。这种流的感受延伸到了多远呢？最远的地方在大腿的中部，在那里，这种刺痛的流好像已变得中性，而膝盖骨周围的那个核心压力并没有那么糟糕了（"感流"）。我又注意到，胸腔和腹部的情绪也似乎在盘旋（"感流"）。磬声响起，我慢慢伸展开双腿，不知怎么，我感觉全身都放松了，就像有人刚把 WD-40（北美著名的家用润滑油品牌）注入了我的膝关节！

第 9 章

超越并滋养自我与世界

Mind Your Life

第 9 章　超越并滋养自我与世界

在前面两章中，你学习了很多方法以帮你欣赏自我与世界。通过"看、听、感"，你提升了每时每刻的感官觉知（MoMo），学习带着全然的丰富性来体验自己和周围的世界；通过聚焦于外、内、歇和流的变化，你从体验中辨识出了自己独有的模式，并掌握了实用的工具去应对各种场景，比如处理强烈的负面情绪，或在你需要的时候"歇"下来。

前两类的练习都发生在 U 形曲线的左侧（下行一侧）。通过每时每刻的感官觉知，你以一种新的方式重新引导自己对熟悉现象的觉察，从默认注意力网络（DAN）的自动驾驶模式中脱离出来。通过开始觉察到你自己和你的习惯性反应，你能够放下它们。你现在可以看到以前不曾意识到的思考和存在方式以及你的盲点和预设。

但是，从某时起，你也得结束这个放下的阶段，继续前进。你得开始培养新的东西，并在这两个阶段之间的过渡地带，略微尴尬地游荡一阵。这正是接下来所要做的：超越自我和世界，并有意滋养自我，培养积极性。

正念助你体验超越

无论是从创伤中恢复、走出丧失亲人的悲痛，还是去适应一个新的挑战，我们大多数人在面临个人成长和改变时，都会遭遇一个相同的问题：这个过程被人为地过度压缩了。我们希望能快速地告别过去、迎接新生，甚至看上去还有那么点已经"放下"了的意味。但我们只是部分体验了那些不愉快的情绪，表面化地检视了自己的假设，既不完整，也不深入。

通常，当这样的场景出现时，我们会穷尽所能去想办法应对，然后继续生活（当我弟弟去世时，我先是震惊，然后悲伤，但直到后来我才能感受到愤怒、后悔和恐惧）。这有点像我们在U形曲线（见图9-1）的下行部分走了一半就跳去对面，并没有一路走到底部。这真是太糟糕了，因为U形曲线的底部才是你发现宝藏的地方。

通过欣赏自我与世界的练习放下过往

通过滋养和培养积极性的练习迎接新生

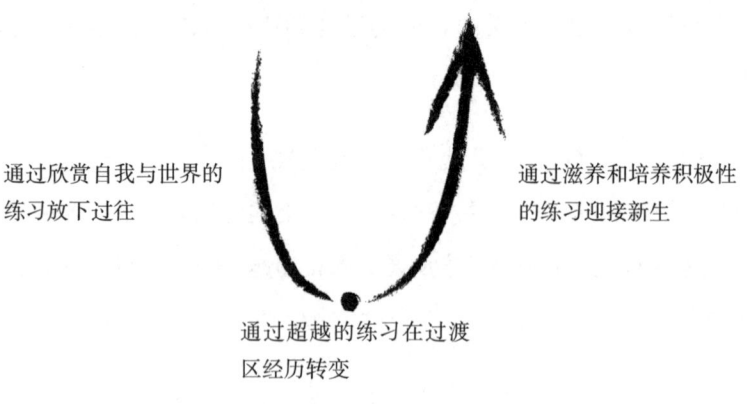

通过超越的练习在过渡区经历转变

图9-1 在U形曲线底部探索

第9章　超越并滋养自我与世界

U形曲线底部的圆点代表过渡地带，是新旧模式间的清涧，也是会令人略微尴尬的区域。但如果你知道如何在这里探险，就能找到通往另一边的路。

在这个地方，你不再有按照旧有自动模式行事的舒适感，但还没有找到新的驾驶手册。你有疑问，但还没有答案；你知道什么是错的，但还不知道对的又是什么。这是一个缺口，一个存在可能性的开放空间。所谓存在可能性是因为真正的新东西从来不是来自旧的，而是来自新与旧之间的空间。有一句古语这样说："当一扇门关闭的时候，另一扇窗就会打开。"没错！但你没听说过的是，这两扇门之间原来是有走廊的！越是知道如何在这个过渡空间里停留得足够久，你就越能创造实现真正转变的可能性，获得真正的新的能力，而不再困于旧模式中，重复运作。

你也许会认为这种超越是非常少见的，或是需要一些超能力。并不是！你真正需要的是持续地练习一些技能。你能将自己舒适地推到一个边界，在那里，你可以运用自己的感受和头脑里的概念性思维来观察一切，识别出自己更深层次的底层模式，并开放地接纳未知。这就像中世纪航海家的地图，在地图上最远的边缘位置处写有"这里有龙"的字样，而那边缘之外是无尽的未知。本章中介绍的方法可以帮助你向未知世界靠近，而不是惧怕那里的龙。

实际上，你已经学到了一些这样的技能。通过练习探索感官体验的基本方法获得瞬间的高度觉察，你能安然抵达你的感官所能探测到的边缘地带。聚焦于外、内、歇和流这些不同的范围和对象能够帮助你在接近和应对世界的过程中，发现更深层、更细微的模式。现在我将介绍两个直接针对过渡空间的方法。

只觉注"去"这个方法从探索感官体验的方法中提炼出"去"这个可选标签，它要求你聚焦于"突然消失"和完结的时刻——那时，你注意到某种体验突然消失了。这个练习让你能不费力地觉察到在你周围不断发生的那些精微的完结，比如一次呼气的完结，或者这句话的完结。当你知道如何在正念中觉察到并接纳那些精微的完结时，如果你在生活中遭遇更大的完结，你就能泰然面对了。

"无为"的练习则让你放下所有想要控制注意力的意图，只是在觉知中休歇。它是休歇的极致。在其他方法中，你要主动伸手去探索你的感官宇宙，而练习"无为"时，你只需安静恭候宇宙向你伸出臂膀并触碰你。

只觉注"去"

在英国以及我曾居住过的城市，那里的地铁站里有一个著名的标志——"留意间隙"，提醒乘客们注意车厢门与站台之间的微小间隙。只觉注"去"就像是在提醒你要留意自己感官体验中的间隙。你通过注意感官体验中任何逐渐消失或骤然消失的东西来学习去注意你感受的边缘，无论是一段头脑谈话、一个响声，还是一种感受。只觉注"去"可以被看作一种以实用、积极的态度来体验佛教"无常"概念的方式。当你习惯了普通、日常的"去",那么你就更有能力处理生活中重大的"去"。

如果这种体验会让你感到痛苦,那么你可以不练习它。但对很多人来说,"去"的体验有一种奇怪的回报感,它会带来一种休歇和丰富的感觉。我认为这其中有几个原因。

首先,由于"去"的时刻一般都不太明显,你需要具有相当的正念能力才能发现它们。一旦到达这个阶段,守清通的体验本身就已经很有价值。

其次,在心理层面,头脑画面或内在谈话中的"去"指向了你惯常思维过程(DAN 的声音)中那些瞬间的暂停。这个暂停的间隔让你有机会去觉察内在那些细微但坚决的声音。这些间隔可以让意想不到的具有创造性的丰富内容冒出头来:一个新的想法、一次洞悉、一个直觉或一个重新用"清"去倾听的旧想法。也许正是我弟弟自杀这样一个巨大的"去"让我能带着新的力量去聆听那个旧有的想法:"你应该练习正念了。"

最后,在最深层的心灵层面,"去"可以带来一种指向源头的感觉,万物从那里来又回到那里去。这不是作为一种想法发生的,而是包含着一种既虚空又丰富的活生生的体验。每个"去"的时刻都会是一种真正的无,什么都没有。然而,它通常转瞬即逝,很快就又会有另一种体验出现了。因此,在针对"去"做练习时,你能真正体会什么叫"无中生有"。

如何练习只觉注"去"

顾名思义,只觉注"去"是一种方法,用来只关注看、听、感范畴中的任何一个或所有的结束或消失。在特定的时间里,你可能能够发现"去"或发现不了,所以你会需要一定的机会才能使用这种方法。如果在正念练习期间你注意到"去",那么你就可以自行决定运用这种方法。或者,你可以尝试寻觅"去",例如,假设你所处的环境中有画面和声音的来来去去,这就给了你一个很自然的针对"去"进行练习的机会。

我列出一个清单,希望能够提示你可以把你的注意力带到什么地方以检测到"去"。基于感官体验详表中的内境与外境,以下这些"去"是最容易被发现的。

- 物理体感全部或部分消失,例如,呼吸、脉搏、心跳、肌肉抽动、紧张痉挛的消失。
- 情绪体感全部或部分消失,例如,你认为本质上是情绪性的疼痛或收紧消失了。
- 外在视觉全部或部分消失,例如,一个物体离开你的视线,或你的视觉围绕一个物体移动或越过它。
- 内在视觉画面全部或部分消失。

第 9 章　超越并滋养自我与世界

- 外部的一个声音全部或部分消失,例如,一个声音的消失,一段乐曲的最后一个音符结束。
- 内在头脑谈话全部或部分消失,例如,一阵喋喋不休的头脑谈话停止。

消失的对象可小可大,定义或明确或模糊,或长期存在或短暂停留。它可能会再次回来。如果你对"去"有情绪反应,那你也可以在情绪反应消失的时候进行觉注。你不需要觉注每一个"去"的情况,只需把注意力聚焦在你在体验中觉察到的消失时刻。

只觉注"去"的练习

1. 让你的注意力在身体、视觉或听觉体验的全部或其中任何一部分中自由游走。
2. 每当某个体验的全部或部分逐渐消失或骤然消失,而你碰巧注意到它时,觉注"去"。

只觉注"去"的惊喜

当你在讨论关于超越的方法时,想要对在这个过程中到底会发生什么进行预测有点自以为是!但我确实也想举个实例,说说运用只觉注"去"到底会是个怎样的情形。

比如有一天，你正在进行常规的晚间坐姿练习，时间为15分钟。这一天压力很大，你只想休息一下，所以你打算做聚焦"歇"的练习。然而，"幸运"的是，你的公寓外面开始进行道路施工，发出巨大的噪音。这种情况下该怎么"歇"呢？你决定放弃原定计划，改为直接听钻机的声音来应对这个挑战（"听外"）。你大声加标了一会儿，用平静的语气来带出更多"通"的感觉。慢慢地，你发现钻机的声音是一段段的，每一段爆发都会有一个短暂的停止（"听外……听外……去……听外……去"）。这样练了一阵，你感觉似乎好些了。

你决定跟随这个体验，在看、听、感的任何一个空间里做只觉注"去"。首先，你把注意力引向听觉空间，这次主要是将注意力放在外在环境中的声音。当然，除了钻机，你的炉子也在发出声响，你的猫咪也在发出咕噜声。你把注意力放在所有这些声音上，寻找任何的戛然而止。有很多钻机声时有时停，猫咪的咕噜声若隐若现（"去……去"）。接着，你把注意力引向身体，开始关注自己的物理体感。这里会有"去"吗？你注意到每一次呼气的结束，每一次吸气的结束，脖颈上每一次脉搏的结束（"去……去……去"）。接着，你再把注意力带到视觉空间，在你闭着的眼皮后面。你很容易就看到了一些内在画面，而且现在你发现自己好像能注意到其中一些画面的结束了（"去"）。

过了一会儿，你发现自己几乎已没有再注意钻机声的停止了。

你正忙于关注其他更微小的"去"！你发现自己相当放松，尽管开始的时候感到有压力。就在你坐姿练习的最后一刻，一个想法突然出现在你的脑海里，那是关于一个工作项目上的难题，已经困扰了你好几个星期了。你把那个想法记在你的笔记 App 中，以便明天与同事们讨论。有些东西从只觉注"去"里出现了！多么令人惊喜！

无为

作为另一种触碰超越的练习，"无为"与只觉注"去"形成了鲜明的对比。在只觉注"去"中，你带着强烈的意图去积极地觉注体验中的微妙间隙，把自己带到人类感官所能体验的最边缘之处。在"无为"中，你完全放弃了所有意图，交出了所有控制企图，以便让超越得以展现并被你遇见。

当你进行无为练习时，你会体验到什么？一方面，它几乎会和完全不打坐的状态一样，只是让那些（或可能是更多的）自动驾驶的状态（DAN）出现，内在谈话或头脑画面也来来去去无休无止。你或许会感到虚无、散乱或是让人不舒服的迷失。如果是这样，就暂时不要练习这种方法。另一方面，你可能会更明显地体验到休歇状态，有一种释怀或自由在里面。我相信，会发生这样的情况有以下几个原因。

首先，无为完全是关于允许的："无论发生什么，让它发生。"

这就是在培养"通"这个能力。学习如何放下和顺其自然，能带来一种独特的释怀味道。

其次，你能开始觉察自己的"意志"和"控制"具体位于身体的哪个部位，并有机会让这些常常处于无意识状态的内在控制机制发生松动。一方面，当你在练习无为时，你身上仍然会有很多"为"在发生——自主神经系统的所有功能都在继续工作，包括呼吸、消化、心跳，甚至是性兴奋。你并不是主动让这些功能工作，而是它们就在那里。另一方面，你可能会发现另外一些并非你有意让它们发生的活动，并可以尝试让它们停下来，休息一下。例如，我的右肩和颈部有一种持续的紧缩感。有时我可以不管它们，有时却不能。但我一直不知道，是我那天生的驱动力如此深深地嵌在我的身体中，盘踞并占领了我身体的整个右半边！开始意识到这一点并能够放下这些无意识的意图给我带来了释怀和休歇。

在心灵层面，或者对于那些有宗教信仰的人来说，无为是关于将自己向更大的存在开放的。通过觉察到自己的个人意图，并臣服于一个更大的意志，你让自己成为一个载体，让信仰的意志流经你并以你为用。

如何进行无为练习

所谓"无为"就是要尽可能地放下所有意图。关于意图的概念，先要理解两点。第一，只有能放下的东西才被认为是有意图

第 9 章 超越并滋养自我与世界

的、自愿的或在你控制范围内的。如果你不能放下某些东西，那么根据这个定义，它们就不是自发产生的，也不是一个意图。因此，如果你发现自己在思考，而你可以放下想要思考的意图，那就很好；但是，如果一个念头产生了，而你放不下它，这也很正常，说明这个念头不是自发产生的（回想一下，有多少我们一直在想着的事情并不是我们主动想要去想的）。第二，做这个练习不该有任何的挣扎或努力。如果你发现自己在挣扎着要放下一个意图，那么你就正在制造另一个意图。放下意味着在那一刻把一个意图放下。如果它很轻易就被放下了，很好；如果放不下，那就让它存在吧。这种练习的效果会让人觉得自己是在进行深层次的正念，或者根本不像是在练习正念。出现这两种情况的任何一种都表明你的做法是对的。至于是否想练习这种方法，完全由你自己决定。

练习中，你无须持续地进行自我检测，去看自己有没有意图，因为那本身就是一种意图。你可能会持续地发现自己想要控制觉知的意图，但也可能非常偶然才能觉察到，这些都很正常。但是，如果你确实碰巧觉察到了一个意图，那么你可以尝试放下它。你可以在"看、听、感"的任一类别中觉察到意图，无论是在头脑的想法或画面里、身体或肌肉的运动中或情绪体感里。如果你发现自己专注、中正或平静，很好，但如果你发现自己试图保持那个状态，记得接下来要做的就是放下这个意图！

无为练习

1. 无论发生什么，让它发生。
2. 每当你觉察到想要控制注意力的意图时，就放下那个意图。

练习中与生活中的无为

这是一个将无为融入常规练习中的例子。比如，你是一个勇往直前、专注于目标的人，甚至你的朋友都对你略带强迫性的倾向颇有微词！应付生活的任务相当繁重，比如工作节奏不断地被打断，孩子们的体育活动日程在最后一刻要调整。因此，当你在练习正念时，你喜欢固定安排的稳定性。你最喜欢的练习是"只感""只看""只听"，然后是"看听感"，每个练习大约做五分钟。因你天生的好奇心，你喜欢探索在每一个空间里呈现出的东西。在时间过半时，通常在"只听"部分，你会发现自己注意到更多细节。你会听到走廊尽头传来的轻柔的声音和内在头脑谈话的丝丝话语。你的"守"和"清"都练得很好！但有时这感觉像是在工作——更多的专注、更多的警觉。你意识到需要想个法子对冲一下自己全自动化的目标聚焦倾向，即强迫自己去解决出现的每个问题。

所以你决定在每周3~4次的常规练习中再增加五分钟，在这最后的五分钟里，你练习无为。你在定时器上为最后五分钟练习设

第9章　超越并滋养自我与世界

置了的铃声，以帮助你完成这个可能会令人不适的转变过程。一开始，什么努力都不做的感觉很奇怪。你已经习惯了进行有节奏的觉注；你喜欢这种方法的精确性和由此产生的活力。正念还能是别的样子吗？现在，当你注意到自己有进行觉注的意图时，你就放下它。放下加标那个部分并不太难，但当你不再进行觉注时，你会觉得有点散乱。有时，有节奏的觉注的脉动似乎会自己发生。你仍然在享受着正念觉察的状态，但这种体验似乎变得有点模糊了，你的注意力更多地游移，常常游离到了思考中。通常这个时候你会发现自己很难放下思考，只是偶尔可以做到。

在练习无为的最初几周，你搞不清楚自己的练习到底处于什么状态，进度多少。然后，在工作中的某一天，你注意到，当事情没有按计划进行时，你的烦躁情绪貌似略微减少了。你貌似可以把一些"通"带到模糊或混乱中。这个发现增强了你继续做无为练习的动力。

几个月后，你和小儿子就家庭作业问题发生了争执。为什么他就不能在作业上花点心思呢？你想起了无为这个方法，在争论中有那么几秒钟，你放下了你所有的努力；你放下了你关于用正确方式做作业的想法，放下了有好的结果的想法（你没有放弃你对他的爱，也没有放弃你所坚持的价值观）。突然间，你可以更深地看进他的眼睛；他看起来像是被困住了。你放松了一点。也许有另外一种方法？去户外玩上30分钟，然后再回来做作业怎么样？

培养积极性

培养积极性的练习体现在 U 形曲线右侧的上行线上，它提供了一个方法，让我们将新的东西带入当下状态中。为什么这是我们谈及的所有方法中的最后一个？不是因为它最不重要，也不是因为它是你应该做的最后一件事。事实上，我的一些客户把培养积极性放在他们练习的核心位置（它在我自己的练习中也开始变得越来越重要）。不过，从学习和改变的角度来看，这个顺序是有意义的。通过看听感中欣赏自我与世界的练习，我们培养了更强大的自我觉察，并放下了旧有的模式。

通过超越自我与世界的练习，我们学会了在过渡区的觉察和安住。现在，通过培养积极性的练习，我们已经真正准备好开始迎接新的事物。

培养积极性是一套正念方法，帮助你有意识地创造更好的自己。你可以通过应用你已经熟悉的看听感练习来做到这一点，但现在，你需要将练习对象聚焦在主动创造的积极事物上，而不是像原来那样只是中立地那样观察。专注你的积极意图有助于滋养它们。你将这些积极想法融入自己的习惯，创建出了新的神经网络。当然，你不能只是在正念中把自己变成一个全新的你，你也必须采取新的行动。在第 10 章"正念生活练习地图"里，我将告诉你该如何将培养积极性的基础工作与具体的新的行动结合起来，让你真正

第 9 章 超越并滋养自我与世界

活出自我。

培养积极性的练习把所有能支持你成为更好的自我的练习重新进行了排列组合。在体育界,这被称为内在游戏,运动员会清晰地想象出他们所追求的有形的结果,以及为了达成目标,他们想努力打造的内在状态;在心理学领域,这包括积极性重塑、积极心理学、自我关爱、视觉化或意图设定等技术;在心灵或宗教领域,包括慈心练习和祷告。培养积极性练习的目标(有人会说这也是所有的正念练习的目标)是,基于你个人的内在之光,结合这个社会的最佳美德,让你最终成为一个优秀并令人敬佩的人。

当你进行类似视觉化这样的培养积极性的练习时,你的大脑会让想象的东西等同于现实生活中的行动。因此,虽然你不能简单地"靠思考致富",但可以借此创造新的神经通路,引导你向自己的心愿靠近。例如,当家庭出现动荡时,我会想象和平解决的画面,练习提升沟通技巧,并时不时地自发进行诚挚的祷告!

虽然科学还不能够完全解释其原理,但培养积极性的做法可能是利用了心智-身体的联结作用,就像安慰剂效应(placebo effect)所显示的那样。安慰剂是用于新药临床试验的惰性物质。高达三分之一的人在被给予无害的糖丸(看上去像是药丸)一样的东西后,会出现安慰剂效应。如果一个人认为自己正在服用一种强效药,即使他得到的是安慰剂,他可能也会经历症状的改善。期待也可以在相反的方向上发生作用,那就是所谓的"反安慰剂效应"(nocebo effect）。如果人们被告知一种正在试验的药物的潜在副作用，即使他们服用的是安慰剂，可能也会出现这些副作用。因此，无论它是怎么起作用的，创造和保持积极的期待都是非常有力的。

有很多原因促使你去练习培养积极性：可能是为了你自己，也可能是为了他人；也许是为了培养自己的特定性格或行为，也许是为了向他人传递积极的情感；或许是在你经历一段困苦时光的时候，你想要给自己一些善意，又或许是你想把疗愈的意图传递给正在受伤的其他人。

你可能会发现，自己并不总是在践行所信奉的价值，如诚实、勇气或善良。通过培养积极性，你可以想象自己的新行为，听到自己说不同的话，并触及忠于自己的价值观所带来的愉快情绪。也许，你正在处理自己某些没有成效的行为，比如总是在有难度的谈话前出现神经紧张。通过更强的正念能力，你现在能觉察到自己什么时候在拖延打电话，或包装一个难以说出口的信息，或完全不考虑他人的感受就脱口而出伤人之词。通过培养积极性，你可以想象对方以接纳、友好的方式采取行动，或者想象自己以平静的力量行事。

如何进行培养积极性的练习

在培养积极性的练习里，你是将"看、听、感"用在内境之上，换句话说，就是应用于情绪体感、头脑画面和内在谈话之中。

第9章 超越并滋养自我与世界

你现在不是以"通"的心态在进行观察,而是主动地创造积极的情绪体感、积极的头脑画面和积极的内在谈话。然后,你可以把这些运用到与你相关的任何事情上,例如,滋养健康的情绪、形成理性的思维或富有成效的行为。

"感好"(Feel Good)指的是借助积极或更高能的情绪,如兴趣、友好、快乐、希望、感激、耐心、慈悲、宽恕、爱,等等。如果你能够随时联结或创造这些情绪,那么你可以开始做"感好"练习。如果还不能,你可能想从"看好"(See Good)或"听好"(Hear Good)的积极内在思维开始,看看从中产生出了什么情绪。一旦你感受到一种积极的情绪,你就可以有意识地把这种情绪扩散到你的整个身体上。

"看好"指的是创造积极的内在头脑画面。这些画面几乎可以是任何东西:一处美丽的景色、一个你所爱或钦佩的人、一只最喜欢的宠物、一个理想或标志性的形象、一段美好的回忆、一个理想的成果或行为。

"听好"是指创造积极的内在头脑谈话。可以是一个与"看好"的画面相关联的短语、积极的自我对话、一个赞美的语句、几句祈祷或唱诵。

下面,我将举一些例子,来说明如何通过正念练习为你自己和他人滋养积极的情绪、形成健康的思维和富有成效的行为。

- 面带微笑。虽然你可能会觉得这有点假，但众所周知，微笑的行为可以影响你的情绪，激活大脑中负责让人感觉良好的神经递质。

- 注意自己是否已经出现了愉悦情绪；如果是，就和那种感受待上一会儿。

- 通过你喜欢的景象、声音或触感来触发积极的情绪反应，例如，凝视美丽的物体或图片，回忆所爱之人的面容，聆听你喜欢的音乐，然后去感受它们所唤起的愉悦感受。

- 回忆你生活中许许多多积极的事情，也许你认为这些事情是理所当然的，看看你是否能感受到一种蒙恩的感觉。用一个贴切的内在短语来培养这种感觉，例如，"感谢你，因为……"（一个日常的例子是在吃饭前说祈祷词）。

- 假想一个对象（一个你认识的人，或者也可以是一个陌生人），并在内心反复对他们传递积极的话语来培养一种慈悲感。这是对佛教中的慈心练习或宗教式祈祷所做的世俗化改编。

- 如果在你的正念练习中，你注意到了负面的内在谈话，你可以选择先通过"听内"来觉注它，然后用"培养积极性"来改变它。你可以通过一句话来反驳你的内在批评，比如对自己说"我已经够好了"，或者用"这个想法是真的吗"来质疑强迫性的倾向。

- 想象自己采取不同的行动——轻推进洞（打高尔夫球）、完成销售、自信地在公共场合发言、拥抱生闷气的孩子、通过谈判获得了双赢结果，通过这样的想象来培养积极的行为改变。

你可以使用你所掌握的"看好""听好"或"感好"中的任意一个方法或全部使用。你可能有一项你更喜欢（或者感觉必要）的方法，或你喜欢混搭着用。从对你来说最容易的方法开始，不管是希望世界和平、想象一个更快乐的关系，还是给自己传递一些善意。经过一段时间的实验，找到对你来说最自然的方法，然后逐渐扩大你所关心的范围。

培养积极性的练习

1. 决定你想运用"感好""看好"或"听好"中的哪一个方法。
2. 通过与任何愉悦的情绪体感同频，创建一个适合的头脑画面，或在头脑中重复一句简短的话语来让自己安定下来。
3. 将你的情绪体感、画面或短语引导到与你相关的改变路径上，如积极的行为改变、令人满意的关系、健康的思维模式或你想要去培养的情绪状态。

培养积极性的实例

我发现将培养积极性视为一套可与其他方法混合或配合使用的方法是最简单的。许多人，包括我自己，都喜欢在正念练习中包含这三种类型的练习：首先从欣赏主题中的任何一种"看、听、感"

方法或变形方法开始；其次做一会儿超越主题中的只觉注"去"或"无为"的练习；最后以培养积极性的练习结束。你可以在坐姿练习期间或在一天中的正念时刻练习培养积极性。你可以每次都使用相同的培养积极性练习，也可以根据之前在坐姿练习中所出现的东西来调整它。你可以根据自己的信仰体系，赋予它世俗的、精神的或宗教的色彩。你也可以把它作为普遍适用的或针对特殊情景的练习。

以下举例来说明你可以如何对这些各种各样的可能性进行组合。

培养积极性：慈心正念练习

慈心正念是练习使用表达关爱和祝福的短语。在正念减压课程中通常会包括这个练习。你可以找到有引导的慈心正念练习，或者创作自己的慈心正念。通过"看好""听好"和"感好"，你可以将这个经典的练习放大，让它渗透到你的整个生命中。在佛教传统中，你可以首先将祝福送给自己，然后将关爱的范围扩大到其他人。北美人往往不容易做到这一点，所以在这个例子中，我将顺序做了颠倒。我会从"看好"开始，但你可以使用任何适合你的顺序。

通过想象能让你产生积极情绪的人或事，进行"看好"练习。你可以想象你所爱的人、自然界的美丽景象、对童年宠物的记忆，以及你所看到的一个小小的善举。在你的脑海中充分想象这个积极的形象。现在加入"感好"的练习，将注意力转移到身体上，特别是转移到你倾向于体验积极情绪的地方，如心脏部位，或你微笑的嘴角上。你是否发现了任何与积极画面相关的积极情绪？也许你可以随心所欲地产生积极情绪。现在，通过创造积极的内在头脑谈话，从一个能包含着你的积极意图的短语开始进行"听好"练习。在内心里对自己重复这句话，把这句话带给你关心的人。重复"愿你快乐"或者"愿你感受到爱、舒适、安全，免于疾病或痛苦……"几分钟后，将这些祝愿扩大到更广泛的范围，也许是对你偶遇的人说："愿你健康。"如果你愿意，你可以把这些积极的意图广泛扩展到整个地区、国家或全球。但不要忘记你自己。最后，把你希望别人得到的积极祝愿延伸到自己身上："愿我快乐、平和、满足……"

培养积极性：高效行为

培养积极性也可以用于以特定的方式来培养健康的思维和高产出的行为。这包括在重大考试前想象自己是平静的，在高尔夫球比赛前在头脑中进行比赛演练，或者在六岁儿童的生日聚会前想象那种充满快乐的杂乱。下面是一个运用培养积极性来帮助你准备一个有挑战性的团队汇报的例子。借助正念所进行的内在准备可以对你在现实工作中的准备有所补充，这些现实准备包括制作演讲材料和对问答环节进行排练等。

在团队汇报的前几天，你要确保坚持你的日常正念练习。你的内在谈话一直都存在，你的身体是紧张的，但你告诉自己，你现在已经在感受自己的担忧，所以它不会在这个重要时刻跳出来影响你。在练习中，你从一般的"看听感"方法开始，之后以培养积极性练习结束。当你进行培养积极性练习时，你可以通过想象你的同事的友好面孔，开始进行"看好"。接下来想象客户（或老板）对你的演示做出积极的反应，想象自己自信干练地回答了一个弯弯绕绕的问题。然后，你转到"感好"上。你知道团队刚获取一个将有助于推动产品开发的积极信息，所以你会体验到自己对所做之事的热情。这种热情可以通过在胸部区域察觉到的一种轻松感体验到。最后，你转到"听好"上。你拟定了一句简短的积极短句，这将支持你在当下以及之后在演讲过程中获得积极的意图："祝愿这个汇报让每个人都获益。"

培养积极性也可以在日常的正念时刻中进行。通过这样做，我们以共通的人性与他人建立联结，从而减少我们在面对痛苦时封闭自己的倾向，这也是对我们的善意和给予行为的补偿。这个练习的可能性非常多，你可以在内心重复一个短语，或是无言地引导积极的情绪，也可以想象积极的行动，选择可谓无穷无尽。例如，当你路遇一名无家可归的流浪汉时，你可以说："愿你得到所需。"或者当你面对自然灾害的受灾者时，你可以说："愿你找到避难之所"（也许，你还会捐款）。你可以默默将慈悲隔空传递给某位同事——你知道他最近在工作和家庭方面的压力都很大。或者你也可以想象

第 9 章 超越并滋养自我与世界

你害羞的孩子正静静地安住在快乐中。

关于正念方法的介绍到这里就全部结束了。你现在已经有了一个很丰富的选择范围：通过探索感官体验的练习，你可以培养对感官体验进行深层的、每时每刻的觉知；通过深入欣赏事物的本来面目，你可以放下无意识默认模式对你的控制；通过探索感官体验的变形练习，你得以深入到外在的感官世界和你内在的自我世界，以及微妙的休歇或流动状态之中；通过只觉注"去"或"无为"这样的练习，你可以在新旧模式之间探索，安然度过尴尬期，发现新的可能性；通过培养积极性的练习，你可以能有意识地培养更好的自己。你可以从任何对你有吸引力的练习开始，想学多少就学多少，或者坚持学习你个人最喜欢的。因为所有这些方法都是在培养你守、清、通的能力，千万别让自己被如此之多的选择困住。

无论选择了哪些方法，我们都会遇到下一个问题：该如何将练习融入生活呢？这就是我们接下来要讨论的内容。

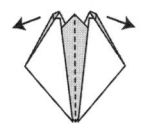

第 10 章

将正念融入生活

Mind Your Life

第10章 将正念融入生活

如果你曾尝试去实现一个新年愿望，那你就一定知道要培养一个新的健康生活习惯是有多困难。你可能有真诚的愿望，可能知道你需要做什么，但仍然需要努力才有可能改掉旧习惯并学习新习惯。如果你一直在按顺序阅读这本书，那么，通过前面的章节，你应该已经确定了练习正念的动机，也学到和体验了一种或多种正念方法。本章则将助力你养成一个可持续的正念习惯，让你扎扎实实、充满意义感地将"看听感"正念融入到生活中。

来看看凡人英雄们是如何做到的

还记得第2章中的那些凡人英雄吗？下面我想再介绍六位给你，他们每个人都养成了习惯，并保持了至少三年的持续练习。这对很多人来说都是非常不容易的！这些故事会告诉你他们每个人是如何找到自己独特的风格，如何将练习融入日常生活并建立让自己能持续练习所需要的支持系统的。

萨姆是一位资深的理疗师，他熟练运用罗尔夫治疗技术，帮助顾客显著缓解各种身体症状；而他的北美印第安原住民血统也让他很自然地将正念练习无缝地融入工作和个人生活中。以下是萨姆的讲述。

在家里的时候,我不会只是机械地练习——那对我不起作用。我必须留意老天爷可能随时对我发出的召唤:有时,我正在看电视,一种激烈的情绪突然出现,我都不知道它是从哪儿来的。这个时候,我就会把电视调成静音,进入到那个神圣的空间,在那里完整地体验这种情绪。如果是悲痛,那就悲痛,如果是伤心,那就伤心。它可能持续5分钟,也可能持续30分钟。等到这段情绪离开了后,我就回去继续看我的电视节目。

当我在做理疗工作时,我专注于感流。那就好像是行动中的正念:我把手放在顾客们的后背上,静静地沉下心来,接收肌体组织对我的反馈——它的需求。我必须在这一时刻非常投入。在用这种方式为顾客提供理疗服务时,我经常能收到更深层次的效果,甚至会出现相当惊人的效果。

理查德是一名心理学家。他的妹妹在乳腺癌康复期间参加了正念减压课程。在看到妹妹的变化后,他对正念产生了好奇。以下是理查德的讲述。

在最初的几年里,我比较懒散,不是很有组织纪律性。我参加一次静修,热情一阵子,然后很快就失去了动力。就这样持续了几年后,直到我在所在社区找到了一个静坐小组,情况才发生了变化。我们每周都见面,一起打坐一小时左右。持续参加这个活动为

第10章 将正念融入生活

我最终把正念练习变成习惯打下了坚实的基础。慢慢地，我为自己增加了一个每天练习30分钟的小目标——有一半的时间，我能达成目标。

我天生就是不太会轻信的人，但慢慢地，我开始看到实证。我能感觉到自己的生活正在发生变化，而且是在往好的方向变。整体而言，我变得更能活在当下，对于自己一直在回避的事情，也开始能够坦诚面对。现在，我每天练习大约一小时，并尝试用各种方法把这个练习嵌入到我的生活中——尽管在旅行或度假时，这会更有难度些。我是一名有内心创伤的疗愈师，也会有抑郁倾向。而现在，即使每天都在通过疗愈工作帮助别人，我自己也不会因此而变得疲惫不堪。

卡洛尔是一名学术机构的研究人员，工作之余，空手道和合气道训练让她获得了另一种生活体验。她的正念练习是从观呼吸开始的，但几个月后她就放弃了。相对而言，她的第二次尝试更成功些。以下是卡洛尔的讲述。

当我再次开始尝试正念练习时，我起初给自己设定的练习目标是每天清晨进行20分钟练习。我允许自己在起床时有15分钟的挣扎时间，还让自己每周休息一天（具体日子任我选择），这样我就不会觉得自己被自己制定的规则限制住。

现在我为自己设计了"每日一小时"的固定安排：每次都从瑜伽或体力劳动开始，然后是做一些意图设定或阅读，最后是正念。

当我再回到坐垫上时，身体感觉更好，对马上要进行的正念练习更期待。

我还注意到，自己的能量水平比以往提高很多。这让我很惊讶，因为当我开始练习的时候我并没期待这样的效果。面对每天要做出的各种选择，我感觉自己更在线、更有把握。在合气道课上，我能够整整三个小时都保持专心；对于新的动作，虽然我还不能马上做到，但我能很清楚地捕捉到老师的示范细节。在初学者的水平上衡量，或是相对于一个46岁的身体而言，我的状态并不常见。

莉亚是一名IT从业者，她将自己的好奇心、极客精神带到了正念练习中。

莉亚第一次接触到正念是在瑜伽课结束时做大摊尸式动作的时候。慢慢地，她开始对瑜伽修心的方面感兴趣，并开始进行一些阅读，还参加了一些课程。起初，她的练习非常随性，想到练习的时候就练上二三十分钟。随着时间的推移，加上适当的支持系统，练习慢慢变成了一个稳定的习惯。以下是莉亚的讲述。

和朋友们一起练习和用Excel表格对练习进行记录，这对我很有用。这就像跑步或者其他我想要培养的生活习惯，我就这样对自己进行训练：先设定一个目标，制订一个计划，然后根据计划跟踪我的进度。我每天计划练习正念30分钟，实际情况是，在去年的很多日子中，我的练习时间都超过了一个小时。生活在变化，你也得具有灵活性。后来，我还开始在家里每周安排一次静坐小组——

第10章 将正念融入生活

一部分原因是为了向别人介绍正念练习,但更多的是为了帮我自己保持练习习惯。

我曾经认为我就是我的思想,这两者没有区别。现在这一点已经被彻底改变了。今天,我对身体疼痛的恐惧大大减少,我能把它仅仅看作短暂的经历。但最大的变化是我在别人面前的表现。我是典型的Ａ型性格:雄心勃勃,自我驱动;但现在,大家却反馈说我是多么平和安静。这在10年前是无法想象的。而且我更加富有慈悲心,过去我是该有多爱沉迷在自己的小世界中啊!之前,大家可能都把我看成一个坚硬、封闭的女人,但现在,每周都有人主动打电话和我交流分享,八卦八卦。我已经完全变成了另一个人。

正念不是灵丹妙药,它也不是在任何时候都适合任何一个人。前面提到过的心理学家理查德认为,正念可能不适合那些当下在心理上已经过分脆弱的人,他们需要运用其他一些方法对正念练习进行补充,例如心理治疗或身体锻炼。

20年来,维拉一直在进行着各种形式的正念练习。这既是她个人成长的一部分,也是针对抑郁症的一剂解药——不过对于后者,她经常会觉得正念的帮助有限。以下是维拉的讲述。

去年,当我正在经历另一场抑郁症时,一位朋友提到,对于严重的抑郁症,单靠正念是不行的,我应该再加上一些有氧运动。最终,我找到一位医生帮我选择了对症的药物进行治疗,现在我也养成了定期锻炼的习惯。这让一切都变得不一样了:以前抑郁症发作的时候，我几乎无法运用我所学到的正念方法，但现在我可以了。

我是大屠杀幸存者的孩子，从小就自卑，也常常评判别人。现在，我不再会被任何人轻易吓倒，我对其他人的评判也消失不见了。另外，我也曾被穷人心态控制：去餐馆时，我往往会去点最便宜的东西。现在，这种心态已经转变，虽然我仍然追求性价比，但如果想吃什么，我就会去买——我已走出了匮乏的心态。

菲奥娜是一名医学专家，她在北爱尔兰充满暴力的动乱时期长大。

她最初是通过瑜伽课了解到正念的放松作用。几年后，她参加了一个周末正念工作坊，随后报名了一个为期六周的正念课程。这两次体验都很棒，但不知何故，她个人的练习习惯却一直没有形成。真正的转机发生在对正念方法有了清晰的理解后，再加上朋友们的支持。以下是菲奥娜的讲述。

我在十几岁的时候，经历了最糟糕的情况：家族企业被炸毁，姑姑的脑袋被人用枪指着。我通过学习来逃避种种这些所带来的情绪问题，我既不想面对，也无法处理。

我的睡眠质量很差，半夜醒来时脑子里总是在胡思乱想。有一次，灵感突然告诉我可以运用"感内"的方法：当我把这些思绪拆分成身体的感受、视觉的画面、头脑的谈话时，我认识到我不必卷入到故事中。最终，头脑中的故事就完全消失了。

另外，我还发现了心理治疗和正念觉知结合时的非凡效果。

第10章 将正念融入生活

正念帮助我向由年轻时期的经历所造成的情绪创伤敞开自己。在一次正念课上，我回忆起当我哥哥从我父母手中接管家族企业之后，再一次被轰炸时的情景。那经历实在太可怕，课上的我完全崩溃，嚎啕大哭。但我知道课后我可以和我的心理治疗师谈论这件事情——如果没有这种支持，我可能会因为害怕而不敢面对这些过往的创伤。我也开始意识到自己是如此地封闭，在生活中与自己的情绪失去了联结。

通过稳定的正念练习，我们的每一位凡人英雄都能在生活中实现非凡的潜力。但是，你需要怎么做才能把你的良好意图变成一个稳定的习惯呢？

保持习惯的三个要素

正如查尔斯·杜希格（Charles Duhigg）所指出的[38]，习惯是一种根深蒂固的行为模式，我们每天都依赖它。习惯是一种例行公事，一旦学会，我们就会不假思索地去做，比如先穿左边的袜子，然后穿右边的，我们坐在椅子上时的习惯姿势也是如此。习惯是作为模式存储在我们的大脑中。它们使我们的大脑变得高效，让我们的头脑能够继续处理其他事情，例如在开车上班时思考一个重要的会议。改变习惯，或加入一个新的习惯，可能是困难的。因此，了解这其中的内容会有所帮助。

创造和加强一个习惯循环有三个元素：一个触发事件、一个由触发事件产生的自动化行为，以及一个你从该行为中获得的奖赏。参考一下我对巧克力的上瘾行为。每天晚上，当我吃完晚饭后不久（触发事件），我就会渴望吃黑巧克力。我沉迷于吃上两块70%浓度的黑巧克力，我家里一直有这种巧克力（自动化行为），然后我得到了美味的刺激（奖赏）。

对于正念练习而言，这个习惯循环的三个要素是（见图10-1）：

- 你将在何时何地进行练习的日常提示（触发事件）；
- 你所练习的一种或多种正念方法（自动化行为）；
- 随着时间的推移而发生改变（积极奖赏）。

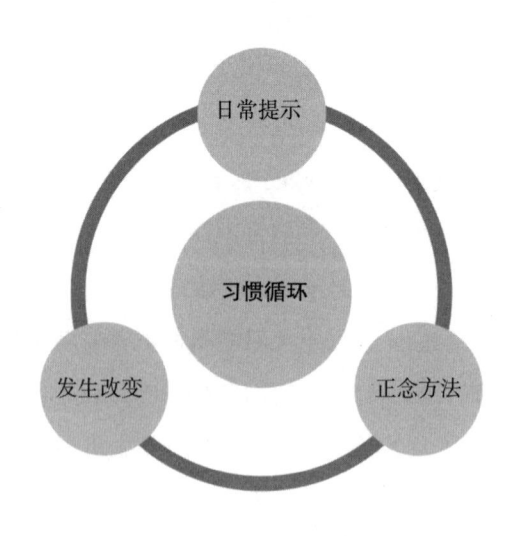

图 10-1　正念练习的习惯循环

第 10 章 将正念融入生活

在第 7 章到第 9 章里，你学到了各种正念练习方法。这些都是你可以做练习的行为。为了建立一个稳定的习惯，你需要在践行你所选择的正念练习方法时，建立起日常提示，让它成为"这是我要做正念练习的时间"的触发事件。

本章中的"正念生活练习地图"（Practice Map for Conscious Living）将帮你设定这些提示，这样你就可以从一系列的方式中进行选择，将正念练习融入你的生活。我将通过几个例子来说明这个练习地图是如何应用的。最后，我将指导你设计你自己的正念生活练习地图。在第 11 章，我们将学习如何关注正念的积极奖赏。

正念生活练习地图

正念是一种生活技能，而不是一种能即时缓解痛苦的止痛片。像任何技能一样，它需要反复练习。正念觉知的挑战是建立一种足够深厚的技能，来培养和促进你生活中有意义的变化，并完全可以在你需要的时候发挥作用。对于我们大多数人来说，最大的问题是没有时间。认识到这一点，一些老师建议采取一种简单的方法，每天练习 10 分钟。虽然这是一个好的开始，但我认为它有风险。每天 10 分钟并不能给你足够多的重复次数来重塑你的大脑，也不能给你机会来培养新版本的自动化反应模式（DAN），或者不能让你养成足够根深蒂固的习惯，让你在困难的时候能够坚持下去。

正念生活练习地图给了你一个框架，在这个框架内，你可以创造性地设计出方案，以确保有足够的练习重复次数，从而培养一种坚实的技能。通过确定不同的方法来组织你的练习，并通过使用各种正念方法，你可以结合你日程安排的实际情况，从容面对松懈随意的风险。如果你愿意，从现在开始的 30 天内，每天练习 30 分钟是完全现实的。你可以设定自己的目标，并就如何实现这些目标有所创新。

首先，让我们看一下这张地图（见图 10-2）。这张地图有两个标尺：你练习的时间（纵轴）和你在这段时间内对正念练习的专注程度（横轴）。这样的坐标为你提供了两种宽泛的方法来组织练习：正式练习和非正式练习。

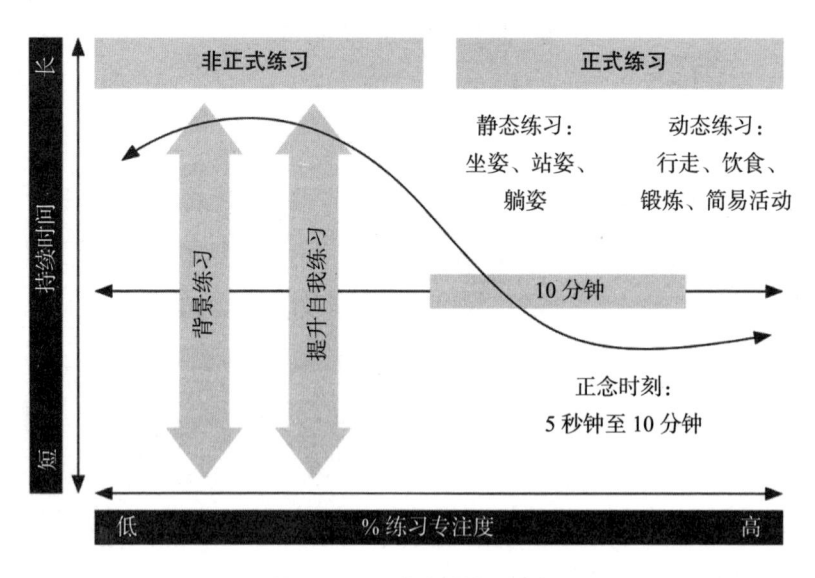

图 10-2　正念生活练习地图

正式练习

当你想象一个正念练习者时，你可能会想到一个人静静地坐着，可能是闭着眼睛盘腿而坐。这是我所说的"正式练习"的一种方式。正式练习有两个标准。你的大部分注意力都用在运用正念方法上，而且你练习的时间至少是10分钟。但你不需要用坐姿来做正式练习。你可以以下列方式练习：

- 静态练习：坐姿、站姿、躺姿；
- 动态练习：在走路、吃饭、运动或做简易活动时。

静态练习是正念练习的立足点。你要为此创造一个简洁的环境，这样你就可以把所有的注意力集中在学习一个新的正念方法上，或者深入学习你已经知道的一个方法。虽然坐着可能是最舒服的姿势，但你也可以以站姿或者躺姿进行练习。

如果你是坐姿练习，我建议你从10分钟的练习时间开始。然后，当你感到舒适时，可以小幅度地增加到20分钟、30分钟、40分钟或更多。如果坐着不动会让你太烦躁，你可以交替采用坐姿和站姿进行练习。如果你想为晚上的良好休息做准备，可以尝试在睡前躺着做正念练习，采用聚焦"歇"或呼吸练习等方法。

静态练习有很多优点。姿势本身会提供反馈，告诉你是如何同时体现出既专注又放松这种互为矛盾的品质的。如果你注意到你的背部是松弛的，你可能是过于放松了。如果你的背部是拱形的，或者你的下巴是突出的，你可能是过于紧绷了。本书中介绍的任何一种正念方法都可以在静态下运用。有些方法，聚焦"内"、聚焦"歇"或"无为"等，是最容易在静态下练习的。

然而，只做静态练习确实有其局限性。这体现在身体可能不舒服上：你的身体可能不习惯这种姿势，或者静止状态可能对你没有吸引力（还记得第2章中芭芭拉的故事吗？她是一个有注意力障碍的人，头脑活动繁忙，最开始时发现在静态下练习是非常困难的）。如果你只做静态练习，要把正念直接带到你的生活挑战上，可能会更加困难。最大的挑战是，你每天只能找到这么多时间来静坐。那解决办法是什么呢？就是要确保你（每天）至少花10分钟在静态练习上，并增加动态练习和非正式练习。

动态练习是正式练习的第二个组成部分。在动态练习时，你同样练习一种正念方法至少10分钟，但你是在四处运动的时候做练习。这意味着要找到对你来说非常规律的日常活动，这样你可以把大部分注意力放在你要练习的正念方法上，而不是你正在做的事情本身上。这样的原则给你提供了很多选择：走路、吃饭、刷牙或洗手、健身或体育运动、演奏乐器、准备饭菜或做简单的家务劳动都是动态练习的机会。许多正念练习方法在动态练习中都很有效。"看、听、感"，聚焦"外"，以及聚焦"歇"或聚焦"流"。

动态练习是可以让你在一天里有更多的重复练习的理想方式，让你迅速在正念技能上实现从量变到质变。你可以很容易地将静态练习和动态练习结合起来设计一个 30 分钟的正式练习，例如，早上上班前静坐 10 分钟，走路时（去坐公交车、遛狗）、做家务或做运动时（跑步、骑自行车、健身、瑜伽）进行动态练习 10 分钟，最后在睡觉前躺在床上做静态练习 10 分钟。关键是要选择你在大部分时间都在做的简单活动，并在这段时间内把你的大部分注意力放在正念方法上。动态练习是一种既有效又有益的方法，是一个把你一天中令你感到无聊的部分变得更加生动和有意义的好方法。

动态练习的风险在于它可能很快退化为"轻化练习"。由于你在从事其他活动，你必须与分心做斗争。你很容易失去对你的正念方法的关注。比方说，当你在外面散步时，你开始把 80% 的注意力放在"看、听、感"方法里的"看"上。有什么东西让你分心了——突然传来的噪音，对今天早上的会议的思考，还有你一下又迷失在了自动化反刍中。针对这一情况的解决办法是在大多数日子里将动态练习应用于相同的日常活动中，并使用加标的方式（在内心强有力地说，甚至大声地说出来）。

非正式练习

通过"非正式练习"，你可以在一天中以一种微小但有意义的方式练习正念方法。如果正式的练习让你深层次地渗入意识，非正式的练习则让你在意识中走得宽广，让正念遍及你的整个一生。在非正式练习中，你放下了正式练习的两个标准之一。你要么只把一部分注意力放在练习上（横轴），要么把大部分注意力放在练习上，

但持续时间很短,从几秒钟到 10 分钟都可以(纵轴)。非正式练习有三种方式:

- 正念时刻。运用任何正念方法,时间从几秒钟到 10 分钟不等;
- 提升自我练习。通过进行特定的日常活动,激活你的更优自我;
- 背景练习。在日常活动的背景中运用任何正念方法。

正念时刻是指你在一天中应用正念方法进行微冲击练习的时刻,这次做几秒钟,下一次做几分钟。这种方法是你在一天不同的时间可以持续应用的,或者你可以在不同的情况下使用不同的方法。你可以使用这里给出的标准方法中的一种方法,或者量身定制设计一个适合你的练习顺序。下面是一些正念时刻的例子。

- 运用感内或感外来享受一顿饭,或品味一个有特别味道的食物(这被称为正念饮食)。
- 运用感内来有意识地觉察你身体中的某种情绪,以免你无意识地被它绑架。
- 在你一天的休息时间(在排队等候,或在你的电脑启动期间)运用感歇,帮助你减压和感受平静。
- 运用看外和听外来享受商场里的热闹,或公园里或大自然中的风景和声音。
- 运用培养积极性让自己为一次有挑战的谈话做好准备,例如,

第 10 章　将正念融入生活

想象一个双赢结果或谈话对象个人的积极品质。
- 在欣赏音乐时使用听外，或结合使用听外和感内，以调整你的情绪对外部刺激的反应。

正念时刻既可以让你的一天保持鲜活，又可以为你的日常挑战带来更高程度的觉知。

提升自我练习是以微小的方式、有意识地践行你所渴望的一个价值观或一个积极行为。这种练习通常吸引着以行动为导向的人，并对第 9 章中的培养积极性主题做了补充。在培养积极性中，你运用内在意图自内而外地塑造意识。在提升自我的练习中，你是自外而内地工作，有意识地将这些更高的意图付诸行动。提升自我练习就像我给客户做的教练练习；它涉及在工作中学习和应用新技能的方法。

这些日常行动可以帮助你实践任何你渴望的价值观或积极行为：善良、耐心、慷慨、幽默、宽恕、爱、慈悲。这个方法的可能性是无穷无尽的。对他人微笑，在高速公路上让行，热情款待他人，把目光投向街上的无家可归的妇女，在你有能力的情况下提供钱财捐助，试图看到和你有不同意见的人的观点，这些都可以成为提升自我练习的一部分。

背景练习是一种中等水平的练习，一旦你对守、清和通的正念技能有一定的能力，并在一种或多种正念方法上有坚实的基础，你就可以进行这种练习。通过背景练习，你将一些正念觉知散播在你的一天里；就像放在热吐司上的黄油，就让它沉浸其中。关键是每天只把一些注意力放在一个正念方法上（横轴），持续几分钟或最多持续几个小时。对于背景练习，你有意识地开始启用一种方法，然后让它在你正在做的任何事情的背景下运行。有些人喜欢在走过城市街道或乡间小路时做慈心或培养积极性的练习。我喜欢把一些注意力集中在身体的感受上（感外），这会让自己在一天中保持安稳状态。

非正式的练习可以很容易进行，以与个人相关的方式将正念融入到你的日常生活中。我希望我在自己的旅程中能更早地发现这种练习方式。你很容易自欺欺人地认为自己一个人坐在垫子上是多么地正念；而让人惭愧的是，当你对一个孩子不满或对一个顾客感到沮丧时，你认识到你有多么地不在正念状态。

就其本身而言，随着你的注意力质量的慢慢下降，非正式练习可以成为"正念之光"，通过把正式练习的深度和非正式练习的广度结合起来，你就会有一个可持续的习惯，这可以给你的生活带来转变。

练习习惯样例

为了展示正念生活练习地图如何帮助你设计你自己的正念练习，这里有几个不同的例子。这些都是基于真实的人，无论是像拉

第10章 将正念融入生活

斐尔这样的凡人英雄,还是我自己的经历,或者是我的客户的经历。你可以参考这些例子,来制订自己的习惯养成计划,就像用菜单方式定制自己的健身计划那么简单。

拉斐尔:呼吸与身体运动

拉斐尔曾当过教师和篮球教练,现在是一名作家。他在20多年前就接触了正念,当时他还处在自己五年的职业跑步生涯中。他喜欢那种只有在一场好的跑步中才能体验到的高潮状态。他的正念练习习惯也带有明显的个人色彩:一个积极、有创造力、有话直说的人。

刚开始的时候,正式练习是每日在自己床边静坐五分钟。"这可一点儿都不难。"他说。慢慢地,他逐渐延长了练习时间,并找到了一天中的最佳练习时间:几年前,是在早餐前,现在是在早餐后。先做伸展,使身体舒适,然后静坐30~45分钟。

他的大部分练习都是非正式的,例如,在开车去超市和在超市购物时带上正念去行动。通过提升自我练习,拉斐尔旨在培养温和的态度,以平衡他天生自信、直截了当的个性。他会有意识地轻轻地关上笨重的厨房柜门,以免打扰到隔壁公寓的邻居。拉斐尔曾经渴望一个安静的头脑;现在,他不仅接受了自己那颗忙碌的头脑,而且挖掘出了它的创造潜力。有一次,他基于自己在静坐时产生的想法,设计出了一个完整的工作坊(提示:记得随身携带一个笔记本）。在方法上，拉斐尔做的主要是正念呼吸和正念身体运动。

办公室职场人士：放松正念

接下来是一个公司白领的例子：她的工作很忙，但工作时间相对固定。在开始时，她把正念练习作为一种减压方法，并能帮她为接下来的一天做好准备。

她的正式练习方式是每天静坐10分钟，每周六天。她设置了闹钟，让自己早点起床，先冲完咖啡，用水泼泼脸，然后坐在直背椅上开始练习。她以"看、听、感"练习开始，然后以培养积极性练习结束。在一天快要结束准备睡觉前，她还增加了一个10分钟练习：躺在床上，做感歇练习，帮助自己获得优质睡眠。每周有三个晚上，她会和朋友出去跑步，这时她会再增加10分钟的感外练习。

她的非正式练习是在开车回家的路上。她关掉收音机，做看外和感外的练习，只专注在那些与驾驶有关的感觉上（眼睛看路，手握方向盘）。她还每天穿插做三到四次正念呼吸练习，也许是在走去盥洗室的路上，或在电脑启动缓慢时。她的提升自我练习也是在开车回家的路上：她会有意识地让看上去有需要的车插到她前面去。

企业家：提升"通"的能力

这个练习样例帮助一个创业者直面风险，很好地配合了他的时间表——"没有两天的安排是相同的"。

第10章 将正念融入生活

他的正式练习是每天10分钟静坐。在大多数日子这都能达成，在可能的情况下，他还会尝试增加练习时间。他从正念呼吸开始，然后做聚焦"内"，以此来友善处理内心的各种情绪，最后以"感歇"结束，一方面有助于练习"通"的技能，另一方面也好平衡他天生警觉的头脑。他最爱的是动态练习，也获益最多：当在日常跑步或锻炼中出现那种熟悉的"扩张般的或气泡般的"感觉时，他会练习感外或感流。

非正式的练习是能让他从头脑中走出来，进入身体感受的机会；他在清晨沐浴时以及洗手时练习感外。但他每天也都会尝试进行混合练习，以保持新鲜感。他通过在谈话时直视别人的眼睛，来练习建立同理心和与人有更好的联结，完成提升自我练习。

居家父母：关爱照护者

接下来是一位奶爸的例子，他需要在家照顾两个年幼的孩子。如果你也肩负重要的看护任务，无论是平衡家庭和工作，还是照顾年迈的父母，你只需对这个练习安排表稍作修改，就可以拿去使用。

正式练习以动态为主，因为宝宝几乎没有一刻会是安静不动的。在每天步行到游乐场的路上，做聚焦"外"的练习。在宝宝睡觉时挤时间进行静态练习，即使可能当时他还睡在你腿上；感外练习的内容通常就是抚摸两岁孩子的皮肤，感受那美妙的光滑感。如果哪天有10分钟的空闲时间，他就用呼吸练习来安顿自己，然后练习无为，作为对繁忙日子的一种平衡。

非正式练习是在繁杂的日常家务工作里进行的，如做饭时进行看外和感外，或在看孩子们玩耍时随时进行培养积极性练习。提升自我练习可以是在睡觉前，特别当他对自己能成为好爸爸的能力产生怀疑时。做这个练习时，可以用内在肯定的形式做练习，就是在内心对自己重复这句话："孩子们会很好。"

有经验的正念练习者：让意图保持鲜活

这个样例来自一个有经验的正念练习者，他的常规练习已经达到了一个水平。他所想的是：长期的正念练习和他的个人倾向会不会已经使他逐渐远离了生活中的不适，而不是让他能更多地与生命的全部同在——即是否落入了所谓"灵性逃避"的陷阱。

他将早上正式的静坐练习从 60 分钟减少到了 45 分钟，晚上还是同样的 20 分钟。他会尝试各种不同的方法，每隔几天就更换一次。他还在每次练习完成之后，在笔记本上记录下变化的影响。他对身体保持警觉，通过定期调整和软化身体姿势来对抗僵硬的倾向。动态练习方面，他每天都会在外面散步时练习看外和培养积极性。他每天都会运用觉注"去"的练习，将其作为一种从放松到自然结束的方式。

他的非正式练习有几个场景：看电视或奈飞（Netflix）时，完全沉浸在节目表达的所有情绪里，并通过感内体验情绪带来的身体感受。在"正念时刻"里,将这样的方式进行延展,随时觉察并运用感内的方法回应身体中情绪带来的紧张感,具体在哪个部位,是什么感觉。

他通过将自己置于舒适区之外的新环境中来进行提升自我练习:作为志愿者去服务无家可归者,为他们制作饭食或去收容所帮忙。他的背景练习是在人群中默诵:"我看到了你。愿你安好。"

设计你的正念生活练习地图

恭喜你!如果你已经学习到现在的程度,你已经拥有了发展你自己的可持续的正念练习所需的所有工具。现在是时候发挥创意,设计出你自己的练习方案来了。但是有这么多可以来选择的东西——不同的正念方法,不同组织练习的方式,你怎么知道要选择什么呢?下面是一些指导原则,这些原则可以帮助你形成练习习惯和对个人给予支持,让你能够渡过不可避免的起起伏伏。

关于选择哪一种正念方法,最重要的准则是,这并不重要。本书中的所有方法都能培养守、清和通的核心技能。所以选择任何对你有吸引力的方法。你越喜欢,你就会越多地练习,你就会越快地发展正念技能并体会到积极的回报。

- 在正式的静态练习中,你可以使用一种或几种正念方法。你可以使用一个标准的序列,也可以每天混合使用。我喜欢确保每周至少会练习来自下面三个主题之一的方法——欣赏、超越和培养积极性。

- 对于动态练习或非正式练习,你可以使用一种你喜欢的标准方法,或者在不同的情况下应用不同的方法。
- 关于对你的练习进行组织的方式,要以练习的规律性和连贯性为重,用同样的提示来培养日常习惯。定期的少量练习比偶尔的大量练习要好。
- 一旦你建立了一个小但稳定的基础,就去扩大它,把它加到别的方法中。练得更久一些、运用不同的方法,在不同的、更有挑战性的情况下练习。这就像在力量训练中增加重量一样;从轻量开始,逐步增加挑战,定期提升你的限度。这样一来,正念就会成为贯穿你整个生活的一种技能。
- 学会识别你的练习节奏:什么时候要忍耐和坚持克服障碍,什么时候要放松和让体验自然发生。
- 准备好积极的支持。通过我们的凡人英雄,你已经看到不同的支持对不同的人起作用。这些支持可以包括:有鼓舞性质的或教学性质的书籍,有引导的正念练习,应用程序,用来写日记的笔记本,来自朋友的支持,你可以交流的伙伴,参加一个课程,加入一个静坐练习小组,在家里设置一个用于静坐练习的地方,这也包括有助于练习的装备,如直背椅或正念练习垫和计时器。
- 定期参加强化练习。参加正念静修活动——从几个小时到一周或更长时间——是一种前所未有的体验。老师的指导和来自团体练习的能量将支持你,与此同时练习的时间将会给你带来挑战。支持和挑战的恰当组合为你创造了一个最佳的成长环境。
- 定期与合格的教练或老师进行检查。正念可能是一项孤独的事,在其中可能很难有明显的进展。找一个有相应资质的人,他可以教你方法,指导你在生活中的应用,挑战你的盲点。

有了上面这些准则,现在是时候制定你自己的正念生活练习地图了。

Mind Your Life
我的正念主题宣言

首先,回忆一下你的动机,即为什么你对练习正念感兴趣。它可能与你在第 5 章中制定的主题陈述相同,或者你在之后已经对它进行了修改。

【未来愿景】我对练习正念很感兴趣,因为我希望能够____

_____

_____

_____

_____

_____

【当下的困扰】这对当下的我很重要，因为＿＿＿＿＿＿

＿＿＿＿＿＿＿＿＿＿＿＿＿＿＿＿＿＿＿＿＿＿＿＿＿＿

＿＿＿＿＿＿＿＿＿＿＿＿＿＿＿＿＿＿＿＿＿＿＿＿＿＿

＿＿＿＿＿＿＿＿＿＿＿＿＿＿＿＿＿＿＿＿＿＿＿＿＿＿

＿＿＿＿＿＿＿＿＿＿＿＿＿＿＿＿＿＿＿＿＿＿＿＿＿＿

我的练习目标

现在来制定一个你认为合理的练习目标。记住，有了一系列的正念方法和正念生活练习地图中的所有选项，每天 30 分钟的练习是完全可以做到的。

我的正念生活练习地图

现在，写下你如何达到你的正念目标（为了简单起见，我没有加入背景练习）。对于每个项目，注意相应的提示，如在哪里练习、什么时间开始或练习多长时间。

地点、开始时间、持续时间
正式练习
静态练习
动态练习
非正式练习
正念时刻
提升自我练习
帮助与支持

● ● ● ● ● ●

你现在有了一个量身定做的练习方案来启动、引导和支持你的正念旅程。但你怎么知道它是否有效？可能需要一些时间来注意到积极的回报。它们可能很容易看到，也可能不容易。这些都是我们在最后一章要讨论的问题。

第 11 章

绽放的人生

Mind Your Life

第11章 绽放的人生

现在，你已经了解了正念的基本技能，学习了几种如何培养这些技能的方法，并找到了适合你自己的练习计划。那么，你怎么才能知道自己的努力正在发挥作用呢？这是形成习惯闭环的第三个关键，也是保持动力的一个核心要素。想节食就要关注体重，要锻炼就得关注身体是否变得更强壮或更有柔韧性，那么关于正念练习，你该关注什么样的变化呢？

当你在练习的时候，会处于正念觉知的状态，这本身就是一种享受和收获。你能够发现和享受不一样的味道：来自"守"的平静和力量感、来自"清"的生动感，以及来自"通"的接纳感。但关于"是否有效"的证据，还是应该在生活中寻找，而不是在正念练习中。

对于很多成功习惯而言，其强化来自积极反馈的出现：比如美食带来的愉悦感，锻炼带来的健美腹肌，以及与他人进行的健康的、时而会有难度的对话后产生的人与人之间的联结感。长期正念练习带来的正向反馈与以上这些都有所不同：效果与其说是来自积极状况的出现，不如说是来自负面状况的消失。这有点反直觉的，但一旦你意识到：应该通过回顾走过的路而不是对未来的想象来评估效果，跟踪进度和追踪变化就会变得容易得多。

所以你需要问自己："发生了什么改变？是否有一些曾经困扰我的东西现在对我没那么困扰了？我是否从他人口中得到了新的评价或反馈？"起初，这些变化可能比较细微，而且零散；但随着时间的推移，它们会变得越来越明显并会持续的发生，你也走进了一种新的常态。

在制定正念主题时，你的一部分期待已包含其中。它们可以包含强健特定的复原力肌肉：坚持肌、专注肌、消化肌、联结肌以及调适肌；它们也可以包含更广泛的变化，例如生活中更自如，痛苦的缓解或满意度的提升，以及对自我更深入的理解及对他人有更宽广的联结。这些期待能帮你把握方向牢固动机，但也不见得一定发生。作为人类的你拥有的远不止一个线性大脑，请做好准备，迎接惊喜！

接下来让更多的凡人英雄来讲述正念带来的惊喜。

克里斯蒂娜最近刚从 C 级别的金融高管职位上退休。她在 10 年前就开始了正念练习——当时的她正面临一个压力巨大的新职位，正念练习被她当作一项预防性措施。以下是克里斯蒂娜的讲述。

意外的是，最初的变化是发生在身体上的。第一节课，在做完身体扫描和全身放松后，我发现我的脚踝疼痛减轻了。理疗师说我

第 11 章 绽放的人生

我腿上的肌肉变得松弛,而牙医说我连脸上的肌肉也放松了。我曾是一枚躁动大师,但现在,在大多数时候,我的身体都能保持放松——这显然能让我成为一名更好的领导者。那时,我正带领公司度过一个艰难的减员期,我发现自己开始能以不同的方式倾听他人,谈话中的自我预设也变少了。

另外,我很早就发现自己背负着很多情绪包袱。在金融行业,同事间相互背后捅刀非常正常,我也曾经开玩笑说,为了给更多的人腾出空间,我会拔出刀来。

在卸掉第一个情绪包袱时,我还能识别那是什么;但随后而来的包袱,有时候我也不知道那到底是什么。我过去一直随身携带陈旧并丑陋的情绪——它盘踞在我的胃里足有半个足球那么大。现在,它就这么消失了。正念带来了一种真正的身体上的轻松感——唯一的遗憾是这一点没在体重秤上体现出来。

我的人际关系也发生了巨大的变化。人们还是继续做着同样的傻事,但我的回应再也不一样了——连我的家人都希望我能尽快回到正念的课堂上继续变好!

萨布拉是一名自由记者,四年前接受朋友邀请参加了当地的课程,从此开始正念练习。她对正念能改变人的头脑这点很是着迷。以下是萨布拉的讲述。

坐垫上的努力很快就看到了效果:头脑里的叽叽喳喳很快就安静下来。这让我意识到,这个一直让我被卡住的状态是可能被改变的！只要正念的时间足够长，那些话语就会被折成碎片；我经常遁入无意识、做白日梦的倾向也慢慢被改变——要知道，这可是我近30年的困扰：我的头脑总是被拉入一些想象的画面、记忆或幻想，总是处在那样的状态中。现在，开始做白日梦的时候，我能觉察到，也能主动把自己拉回来。大家也反馈说我神游的时候少了；我也感觉自己在与他人相处的时候，更能安住在当下了。

令人惊喜的是，我发现自己慢慢能触碰自己的情绪了，无论是爱还是焦虑，都能够更多地感知到。以前我会说："我干嘛要敞开内心？要向谁敞开？我又没杀过人，能有什么问题？"然而，现实中的我，无论是在追求某个目标时，还是在一段关系中，始终无法在任何事情上做到百分之百地投入。我对自己的感受是无知的。正念以一种意想不到的方式击碎了我的外壳，让我敞开。

消极状况的消失指的是什么？当身体上的紧张消失、情绪上的负担被放下，以及与他人的失联这样的事减少时，一个人的内在到底发生什么？这意味着经由正念的练习，你个人的复原力已经被大大提升了。还记得复原力的定义吗？复原力是应对威胁或挑战的恢复、适应和成长的能力。如果你所感知到的生活中的消极因素较少了，那么你需要耗费能量克服的挑战也就变少，你便多出很多精力去创造性地适应和成长。对你的有限的复原能力的要求较少，意味着有更多的机会让自然的盛开发生，让你的天赋绽放。

减少负面因素就像是清除了你血液系统里的瘀堵，一旦动脉中

第 11 章 绽放的人生

没有斑块，富氧的血液就能够从你的大脑一直循环到你的脚趾尖，此时的你就是一个健康的机体。但如果斑块累积，你的动脉就会慢慢硬化，血液流动也会受限，你的健康会就会受到损害，你遭遇心脏病发作或中风的风险也会更高。应对类似的风险，预防动脉硬化，你需要通过改变生活方式来进行，比如建立健康的饮食和运动习惯，以及戒烟。

正念对你的精神生活的作用也就和健康的生活方式对你身体的作用一样——它能在心理上帮你清除残留物。有了更多的正念技能，每时每刻的觉知能力得到提升，你就能够观察和欣赏你所有的体验。当任何心理状况发生，你知道你可以选择去完整地体验它，觉知会帮助你完全消化它，没有后遗症（参见下文琳达的故事）；或者，当过去给你遗留了情绪的包袱（参见下文香塔尔的故事），你也知道如何应对和处理。越少的残留就意味着你的生活拥有越大的带宽和可能性。你不会成为一个别人，你会更好地成为那个最本然的自己。

香塔尔在传统的天主教环境中长大，现在是一名政府高级管理人员。她自 13 年前离婚后在尼泊尔旅行时开始练习正念。以下是香塔尔的讲述。

我提醒自己不要把正念搞复杂了，只是关注呼吸和身体就好了。这个旅程关乎培养我与自我的关系。起初，我们总是试图去摆脱生活中的不幸，那对我来说，那是一段失败的婚姻和一个艰辛的童年。我想要平和与接纳,但总是在别人身上寻找。现在,我终于在自己身上找到了它们。你知道吗?你的感觉是始于身体,然后经由头脑给它们贴上标签的。正念练习就像安静地和你的身体坐在一起,去发现它想告诉你的。我想和大家说:"握个手并问声好!你与你的皮囊本就天生一对!"

我的疗愈师知道布琳·布朗(Brené Brown)在脆弱性和羞耻感方面的著作[39]。我告诉她,在我的身体里有一个文件柜,其中的一个抽屉里有个羞耻盒子。我想把它拿出来,检查其中的每一个文件、每一片羞耻。正念是勇气。为了审视这些记录着羞耻的文件,你必须停下来,对它保持正念,与它同在。你不是要告诉自己"我就是这样的,我不能改变",这样只代表你手心仍然攥着对过去的执着——放下才是最难的事情,正念帮我做到了这一点。

琳达是位温文尔雅的小个子女士,20年前开始学习正念,以应对她在一个癌症康复中心担任项目主任期间患上的颈部疼痛。正念在应对日常压力方面帮到了她。琳达发现,在应对重大的威胁和人生的课题时,只有正念的能力是可信赖的。以下是琳达的讲述。

正念帮我变得更平静、更有耐心。我现在有百分百的自信,在面对负面情绪时不会惊恐不安。正念让我保持理智与诚实,当然也许,在我那个崇尚快速、机智、犀利的回击的家庭里,我不再拥有旧式的魅力——我已失去了那种无脑调侃的能力。

几年前,我有一次独自在家时遭遇了抢劫。当时我选择让自己

第11章 绽放的人生

经受这整个事件,没做任何抵抗。我看到有两个人从门外向我的书房走来,而我则无路可逃。我坐直了身体,从我的腹部传出一个低沉的声音:"你们到底在干什么?"然后我站起来,走进客厅;他们正跑回他们的车里,拿走了我的电脑、钱包、钥匙,还有身份证。那天晚上,我安睡得像只绵羊,我并未感到害怕,我只是觉得,这没事儿。

后来,我开始意识到,在这场危机里,我完全可能死去。这不仅仅是一个头脑层面可以做出的选择。如果我说自己在无论什么情况下都能保持临在,那是在骗人。但除了正念之外,我想不出还有什么能帮到我,你还能在哪里进行这种内在的工作?还有什么地方能让你学会与不适感同在?人们会说"园艺就是我的正念",那只是说说而已。除了在正念里,你还能站在哪里去真正凝视生命中的这个时刻?

有些人在面临人生的终极威胁——自己的死亡时,才开始学习正念。凯特在市场营销领域做得很成功,事业稳步攀升。在18年的职业生涯中,她每周工作60~70个小时,这很有压力,但她喜欢并擅长此道。后来,两个警钟响起,她便稍微改变了职业方向。第三个警钟是一种罕见的恶性乳腺癌,而且已是晚期。四年后,经过四次手术、化疗和放疗,凯特恢复了健康。在那段时间里,她发现了正念,了解了压力和疾病之间的关系以及正念对压力的影响。她参加了正念减压课程,而且一直在修习。凯特现在正作为企业的正念教练带领"唤醒凯特"这个课程。以下是凯特的讲述。

我意识到，压力并没有直接令我患上癌症，但确实影响了它，并使其恶化。我无法描述这一认识对生命改变的影响。这就像我醒了过来。我意识到我一直活在自动驾驶状态，是一个典型的、向上爬的、无所不能的职场妈妈。但我并不想止步于正念已让我品尝到的东西。我意识到，如果你想给这个世界带来改变，就必须先从自己的改变开始。这是个反直觉的结论，因为以前我总是把事业和孩子放在自己之前。

起初，癌症是我练习的理由，但随着健康状况的回复，这种动机慢慢减少。现在，我给自己增加了职责，例如参加课程、参与练习小组和与朋友们在一起。真的，所有不练习的借口都只能代表它对你不够重要。现在，这对我来说已经变为日常：在早上设定计划，午餐时进行正式练习，白天则是时不时的正念微冲击。我在带着正念和孩子们在一起。我儿子也已经学会了，与其去打别人，不如说"我感到非常生气"。当听到孩子这么说时，我可真是开心坏了。

消极因素的消失就像是在你与自己的内在以及你与他人之间拆掉了很多墙。通过觉知到更多的自己，你能与自己所有的部分都交上朋友，包括那些你曾经不愿意被提及的部分。你的不同"自我"之间可以相互交谈，相互了解，成为一体。你的内在也会更加舒服。外表看来可能不明显，但你和我都知道这些消极因素的消失带来的益处有多么巨大。

第11章 绽放的人生

正念方法曾经是少数特权阶层的专有。在东方和西方，僧侣和尼姑在宗教背景下练习正念，以转化他们自己和他们与佛祖之间的关系。就像宝藏一样，这些方法被保护起来并世代相传。这些方法是有效的，但它们依赖于严格的结构、特定的信仰体系和需要许多普通人支持的对少数人的隐居生活。

这种曾经是特权阶层享有的东西已经改变了。现在，任何想学习它的人都可以接触到正念。不仅仅是宗教人士，不仅仅是处于社会阶梯顶端的少数特权人士，也不仅仅是那些选择完全不走寻常路的人。它不需要特定的信仰系统或文化背景。成人和儿童、上班族和学生、患者和健康人都在练习正念。这种可获得性的扩展是一个主要的进步。但是，每一个前进的浪潮都有可能会有暗流。

为了让正念更加易得，我们也会遭遇这样的风险：原始方法的重要性和严谨性会被稀释。我们如何在不回到旧时代的情况下重新创造出最初让转化成为可能的条件？如看听感正念这种模块化、可扩展的方法就可以做到这一点。你可以每天练习15～20分钟，并通过正念时刻逐步增加练习时间。这样，在一整天中，你都变得更有觉知。这是一个全面的正念体系。它既尊重你头脑的复杂性，同时又更加容易练习。

安德鲁在基督教、佛教和世俗环境中练习了40年的正念。以下是安德鲁的讲述。

我对正念的了解比别人要全面得多，这完全归功于看听感正念体系。它帮你了解你正经历的体验，以及该如何回到那里。以前，内心安静的状态是随机出现的，或者说必须在静修两到三天后，我的头脑才能安静下来。现在我发现，觉注和加标是一种快速的方法。如果我坐下来，用听内加标一到两次，我的内心就安静下来了。

任何重大的技术或社会变革都可能带来意想不到的影响。20世纪20年代，当住宅空调被引入到佛罗里达州时，它促进了人口爆炸式增长，现在那里的气候变得更加宜居。20世纪70年代，当新的户外技术装备被开发出来时，它推动了探险露营和旅行的蓬勃发展，现在这些技术装备已经是既实惠又舒适。当下，正念正在创造一个类似的重要风口。我对这种变化对我的意义深感喜悦，也被我们列举的凡人英雄故事深深感动。如果我亲爱的弟弟约翰尼当年能有机会了解这些，他是否会找到他的出路呢？

正念练习到底可以给你带来什么改变呢？可以是让你在追逐自己梦想的道路上再多坚持一会儿，也可以是你在项目时限迫在眉睫时，能多出一点专注与淡定；可以是没那么有压力的事件——那不是因为你的生活中没有了压力，而是因为你知道如何应对压力，从而让你不再被压力困扰；也可以是遭遇困难情绪时的从容——不是因为你能对它无动于衷，而恰恰是因为你能去真正面对和感受它；可以是一个简单的新发现或新主意（不是因为你想得更快更

第 11 章 绽放的人生

好，而是因为你没有过度思考），也可以是一个和某位伙伴的欢笑时刻——此前你未曾想过可能与之产生联结。

生活，就是由这些细碎而微小的片段累加而成，而你也一定会更快地从挫折中满血复活，生活变得越来越鲜活丰盛，自己也一步步变得更自由、更慷慨、更勇敢、更有爱。用正念去关照你的生活吧，它也一定会用更专注、清醒和通透的人生回馈于你。

注释

1. See Shinzen Young, *The Science of Enlightenment: How Meditation Works* (Boulder, CO: Sounds True, 2016).

2. "Mindful Nation UK: Report by the Mindfulness All-Party Parliamentary Group," The Mindfulness Initiative, http://www.themindfulnessinitiative.org.uk/images/reports/Mindfulness- APPG-Report_Mindful-Nation-UK_Oct2015.pdf (accessed February 3, 2017).

3. Ibid.

4. Bondolfi et al., "Unpublished Report, 2014" (lecture by Dr. Zindel Segal, A Mindful Society's 2015 conference *Integrating Mindfulness in Society: Health, Education, Work and Life,* Toronto, Canada, March 28–29, 2015).

5. See Edmund Metatawabin with Alexandra Shimo, *Up Ghost River: A Chief's Journey Through the Turbulent Waters of Native History* (Toronto: Alfred A. Knopf Canada, 2014). See also Alexandra Shimo, *Invisible North: The Search for Answers on a Troubled Reserve* (Toronto: Dundurn, 2016).

6. See James Maskalyk, *Six Months in Sudan: A Young Doctor in a War-Torn Village* (Toronto: Anchor Canada, 2010) and *Life on the Ground Floor: Letters from the Edge of Emergency Medicine* (Toronto: Doubleday Canada, 2017).

7. "American Mindfulness Research Association," www.goamra.org.

8. See Jon Kabat-Zinn, *Full Catastrophe Living: Using the Wisdom of Your Body*

and Mind to Face Stress, Pain and Illness (New York: Bantam Dell, 1991).

9. "Mindful Nation UK."

10. Judson A. Brewer et al., "Meditation Experience Is Associated with Differences in Default Mode Network Activity and Connectivity," *PNAS* 108, no. 50 (November 23, 2011): 20254–59, doi: 10.1073/pnas.1112029108.

11. Britta K. Hötzel et al., "Mindfulness Practice Leads to Increases in Regional Brain Gray Matter Density," *Psychiatry Research* 191, no. 1 (January 2011): 36–43, doi: 0.1016/j.pscychresns.2010.08.006.

12. Michael D. Mrazak et al., "Mindfulness Training Improves Working Memory Capacity and GRE Performance While Reducing Mind Wandering," *Psychological Science* 24 no. 5 (March 2013).

13. Eileen Luders, Nicolas Cherbuin and Florian Kurth, "Forever Young(er): Potential Age-defying Effects of Long Term Meditation on Gray Matter Atrophy," *Frontiers in Psychology* 21 (January 2015), doi: http://dx.doi.org/10.3389/fpsyg.2014.01551.

14. "Unpublished research by Dr. Richard Davidson" (presented at Mind and Life Summer Research Institute, Garrison Institute, Garrison, NY) reported in Garrison Institute blog, July 23, 2015, https://www.garrisoninstitute.org/blog/rapid-recovery-resilience-and-the- brain/.

15. J.D. Creswell et al., "Alterations in Resting-State Functional Connectivity Link Mindfulness Meditation with Reduced Interleukin-6: A Randomized Controlled Trial," *Biological Psychiatry* 80, no. 1(July 1, 2016): 53–61.

16. Madhav Goyal et al., "Meditation Programs for Psychological Stress and Well-Being: A Systematic Review and Meta-analysis," *JAMA Internal Medicine* 174, no. 3 (March 2014): 357–68, doi: 10.1001/jamainternmed.2013.13018.

17. Stephan G. Hofmann et al., "The Effect of Mindfulness-Based Therapy on

Anxiety and Depression: A Meta-Analytic Review," *Journal of Consulting and Clinical Psychology* 78, no. 2 (April 2010): 169–83, doi: http://doi.org/10.1037/a0018555.

18. Goyal et al., "Meditation Programs for Psychological Stress and Well- Being."

19. "Mindful Nation UK."

20. P. La Cour and M. Petersen, "Effect of Mindfulness Meditation on Chronic Pain: A Randomized Controlled Trial," *Pain Medicine* 14, no. 4 (April 2015): 642–51, doi: 10.1111/pme.12605.

21. Yi-Yuang Tang et al., "Short-Term Meditation Training Improves Attention and Self-Regulation," *PNAS* 104, no. 43 (October 23, 2007): 17152–56.

22. Antoine Lutz et al., "Regulation of the Neural Circuitry of Emotion by Compassion Meditation: Effects of Meditative Expertise," *PLOS One* 3, no. 3 (March 26, 2008): 1–10.

23. See Paul Condon et al., "Meditation Increases Compassionate Responses to Suffering," *Psychological Science* (August 2013). See also www.headspace.com.

24. Mathias Dekeyser et al., "Mindfulness Skills and Interpersonal Behaviour," *Personality and Individual Differences* 44, no. 5 (April 2008): 1235–45.

25. See Bruce W. Smith et al., "The Brief Resilience Scale: Assessing the Ability to Bounce Back," *International Journal of Behavioral Medicine* 15, no. 3 (February 2008): 194–200. See also, "The Connor-Davidson Resilience Scale Revised," CD-RISC, http://www.cd-risc.com/index.php.

26. Daniel Goleman, "Resilience for the Rest of Us," *Harvard Business Review*, April 25, 2011.

27. Maria Konnikova, "How People Learn to Become Resilient," *The New Yorker*, February 11, 2016.

28. See Daniel J. Siegel, *Mindsight: The New Science of Personal Transformation* (New York: Bantam Books, 2011).

29. See Mark Epstein, *The Trauma of Everyday Life* (New York: Penguin Books, 2014).

30. Joanne Hunt, "Transcending and Including our Current Way of Being," *Journal of Integral Theory and Practice* 4, no. (2009): 1–21.

31. Robert Kegan, *In Over Our Heads* (Cambridge, MA: Harvard University Press, 1994).

32. See C. Otto Scharmer, *Theory U: Leading from the Future as It Emerges* (Oakland, CA: Berrett-Koehler Publishers, 2009).

33. Norman A. Farb, Zindel V. Segal and A.K. Anderson, "Mindfulness Meditation Alters Cortical Representations of Interoceptive Attention," *Social Cognitive and Affective Neuroscience* 8, no. 1 (January 2013): 15–26, doi: 10.1093/scan/nss066.

34. See Daniel Kahneman, *Thinking, Fast and Slow* (Toronto: Anchor Canada, 2011).

35. See Ken McLeod, *Wake Up to Your Life: The Buddhist Path of Attention* (New York: HarperCollins, 2001).

36. Trafton Drew, Mellisa L.-H. Võ and Jeremy M. Wolfe, "The Invisible Gorilla Strikes Again: Sustained Inattentional Blindness in Expert Observers," *Psychological Science* 24, no. 9 (September 2013): 1848–53. See http://search.bwh.harvard.edu/new/pubs/DrewVoWolfe13.pdf.

37. Amy Cuddy, *Presence: Bringing Your Boldest Self to Your Biggest Challenges*, (London: Orion Publishing, 2015).

38. Charles Duhigg, *The Power of Habit: Why We Do What We Do and How to Change* (London: William Heinemann, 2012).

39. See Brené Brown, *The Gifts of Imperfection: Let Go of Who You Think You're Supposed to Be and Embrace Who You Are* (Center City, MN: Hazelden Publishing, 2010).

来自中国的凡人英雄故事

静：多维幸福

静目前是高管/高潜/团队教练。她曾为一家大型民企工作，负责企业文化。那时她开始学习教练技术，原本想将其作为一个设计课程的辅助手段，但后来却发现教练带她走上了向内探索之路——这条路和传统的中国人向外求索的成长路径截然不同。由于她与当时公司的最高领导的理念不同，她选择离开全职岗位，并带着对教练工作的热忱投入全职教练的工作。

静长期经受子宫内膜异位症带来的病痛（世界卫生组织估计全球有10%左右的育龄妇女的生活受子宫内膜异位症的影响）。在很长一段时间里，她每个月有20多天无法正常生活。她不得不连续10年服用激素药物，但药物对缓解疼痛帮助有限。

问：你如何开始正念练习的？

答：在一次教练督导的环节里，我收到这样的反馈："整个过程中，你只有头在动，而你的身体完全没有动。"听到这样的反馈，再加上我本身就有身体健康方面的困扰，我意识到自己必须要去找到一条路径重新建立跟我自己的联结，去开发属于我自己的身体智慧。

在 2020 年，我参加了看听感 21 天练习营，对这个体系产生了想要进一步了解的兴趣，于是报了一系列相关的课程。但同时，我并不是个很自律的人，没有办法每天在固定的时间进行固定的练习。我克服这些障碍的方法，一个就是让自己持续在这个体系中去学习，另一个就是主动在生活场景里去构建跟看听感的关系，找到在生活中练习的场景。

作为一名教练，我越来越能感知到自己的临在状态会决定练习的品质。现在我可以坚持每周至少有三到五天进行超过 20 分钟的练习，然后每天也都会做一些微冲击的练习。

问：正念练习对你的生活产生了怎样的影响？

答：我在 2020 年决定开始认真对待我自己的身体，停止摄入激素，并开始尝试一些中医治疗手段，比如艾灸和针灸。现在，我已经完全可以每个月正常来月经，而且几乎不感到疼了。我觉得这和持续的正念练习及中医治疗是很有关系的。

刚停药的时候，那种疼痛会让我彻夜不眠。有一次，我太疼了，几乎晕倒在浴室里面。当时我的意识虽然是清醒的，但完全没有力气，连从浴室走出来的力气都没有，只能躺在浴室的地板上。当时整个身体的左半边完全是麻的，我想自己是不是中风了。我开始用"看听感"里所学到的，观察那个疼痛：它是流动的，还是固守在那里完全不变的呢？当我发现它是流动的时候，我的心就定下来。我在浴室地上躺了半个小时，只是静静地观察，感受身体的疼痛，身体的麻木感慢慢地增强，然后又慢慢地消失，直到身体慢慢恢复平静之后，我才起身躺回到床上去。

另外，在进行艾灸治疗的时候，我需要很清晰地去感知燃烧的艾条给我的身体带来的反应。哪里感觉凉，哪里感觉热，或者哪里会很疼，我需要及时地去告诉医生，然后他会去调整之后的艾灸位置。

正念练习也让我更好地了解当下的自己，觉察当下的我是谁。很神奇的是，如果在某个情绪升起的瞬间，能清晰地看见那个自己所承担的角色，看见那个角色的意图、需求，那些情绪瞬间就放下了。比如像我妈妈那样的传统中国老人，特别节约，她经常会因为客厅没人而把客厅的暖气关了。某天中午，我去客厅吃饭就发现那儿是冰凉的。当我和她说这件事的时候，我发现我的声音里充满了情绪。然后我就觉察了一下：那个有情绪的我是谁？是那个有点怕冷、身体又不太舒服、希望被好好照顾的我啊！当我看到那个当下的我是谁的时候，情绪就被放下了。

对于这样的练习，我一天会做很多次，无论是在会议里，还是在其他有挑战的情形里。真的很有帮助。

我有个爱好，喜欢看画展。算不上很懂，就是喜欢而已。有一次，看的是莫奈的画展。以前，我总是喜欢凑很近去看画的细节，但那天我突然意识到，看新印象派，我需要隔开一点距离，才能还原当时画家眼中的风景。画家是隔着一段距离看到风景并用画笔如实地还原，所以当我也隔着一段距离去看那幅画的时候，我感觉到了和大师跨越时空的深度同频。这就是我的莫奈时刻！对我这种非资深爱好者，这岂不是太棒了！

问：对于其他练习者，你有什么建议？

答：找到和你生活的真实联结，并问自己：在此时，有哪些方法我可以用得上呢？

苏：找到中心

苏是一位在北京生活的全球IT公司人力资源管理者，她的服务对象包括全球300位内部专业人士，以及好几位"非常有自己想法"的副总裁。她也是一位母亲，孩子正在上小学。在交谈中，她始终在散发一种安定但又充满能量的气质。

问：你是如何开始又是如何继续练习正念的？

答：我是在12年前接触正念的。当时我正处于人生低谷，一方面刚生完孩子遭遇了产后抑郁，另一方面在事业上，家里希望我能去体制内干一份稳定的工作，但我却有自己的想法。在遵从自己心意和满足家人想法两股力量的碰撞中，我感到来回拉扯，感觉自己内心不够强大，无法听从自己内心的声音。

在这个大背景下，我经常处于一种非常忙碌、停不下来的状态，对，就是那种被迫的无意识的忙碌。我总是希望事情和事情之间能够无缝衔接，这样就不会有一种浪费时间的感觉。因此"停不下来"对我来说是一种常态。我的朋友经常评价我说他们和我在一起的时候会很紧张，也会有一种被忽视的感觉，因为他们觉得我一直很忙，占用我的时间会让他们有愧疚感，很有压力。

那时候，我试图寻找方法做出改变，于是先看了一些书，比如肯·威尔伯（Ken Wilber）、胡茵梦的书，进而经由他们接触了身心灵自我成长领域，也是在那个时候接触了乔·卡巴金、杰克·康菲尔德（Jack Kornfield）这样的正念老师。

我真正的正念练习是从一个禅七活动开始的：在一个郊外的场地住了七天，每天早上四点半起来打坐，过午不食，晚上有一些类似禅宗案例的讨论，等等。这次禅修给了我一个对于正念的切身体验，但离开那个场域之后，我并没能坚持有规律的练习。正念对我的影响就只停留在基础概念和那七天练习的经验上，对我的生活没有产生太大的影响。

直到六年多前，也就是2016年，正念才真正开始影响我。当时我的生活再次遭遇挑战，我的头脑里有很多负面的想法，于是我找到一位心理咨询师寻求帮助。她再次推荐我做正念练习。因为痛足够深，内在动力和行动力才生发出来，也就是那时候我才算真正地开始不间断的正念练习。开始的时候每天可能也就只练5分钟或10分钟，但我发现这样日进一寸的持续练习对我有着非常大的帮助。现在，我每天早上起床的第一件事就是静坐。甚至还没来得及刷牙洗脸，就会靠着床头坐着，否则可能就会忘了，或者因为太忙抽不出空而懒得去练习。

我是个头脑思维非常活跃的人，刚开始练习的时候脑子里都是各种各样的念头，根本停不下来，坐不住。哪怕只坐一两分钟，就会如坐针毡，盼着闹钟赶紧到时间好结束静坐，非常难熬。但后来我告诉自己，可以短但不能断，就一心一意地坚持每天5分钟，到后来的15分钟，慢慢到现在能坐30分钟。对，就这样每天早上静坐30分钟，坚持了两年时间。

我还开始尝试为我儿子准备正念早饭。原来的早餐时间总是很匆忙：赶紧做，赶紧吃，赶紧去上学，赶紧走人，我要去上班。现在，每天我总会先去问他想吃什么，然后早点起床，不急不忙地用正念的方式去准备早饭。洗菜的时候，我会感觉水流的温度和菜的触感；切菜的时候，我也会听见刀去切这些东西时发出的咯吱咯吱的声音。对于溢出来的饭香，甚至是清晨窗外的鸟叫声，我都能比以前更清楚地意识到了，我自己变得很享受这个过程。

然后，当我自己很享受的时候，我就能很敞开地把我对生活的这种爱和对孩子的爱通过做饭这种形式传递给他。因为我觉得食物也是能传递情感的。当我享受当下地去做这样一顿带着情感的早饭，孩子吃到肚子里，他自己也能感受到我对他的那种情感。因此我觉得亲子关系潜移默化地也有了某种积极的变化。

问：你的生活如何被正念改变？

答：以正念为中心，我的生活发生了非常大的变化。我找到了一种与更大的存在、更大的力量、更大的资源联结的方式。我以前非常容易有取悦别人的倾向，总是希望别人更开心，很难听到自己的声音，或选择忽略它们。练习正念之后，我觉得自己获得了一种稳定感，让我能很清晰地知道什么是我的声音，什么是其他人的声音。这在很多时候极大地帮助我跟随自己的声音去做决定，这让我有一种内外一致的通畅感。

和孩子相处的时候，我比以前能更多地打开自己，有时候我就那样不带评判地看着他，观察他，完全享受和他在一起的那个当下，自然而然会觉得和他有更深的联结感。在亲子关系中，我甚至偶尔能感受杨真善老师所说的"深广的幸福"这种状态。有时候好像时间被拉长了，静止了，我能捕捉到生活中那些非常细小精微的瞬间，那些声音、那些气味、那些感受非常美妙，仿佛是触摸到了时间的质感。

工作中，我的压力一直不小。有一次，一位高管对薪酬方案有不满，非常不客气地直接指责我。我以前的回应方式就是会觉得是我不够好，做得不够，作为HR没有帮助到别人，有一种要马上满足对方期望的冲动。在这种有情绪挑战的状况下，我会有很多紧张和焦虑、很多自我攻击，于是会很明显地感觉到失掉了自己的中心，注意力开始附着在他人身上。现在，我会选择暂停，先不去无意识地行动。在这个暂停的空间里，我开始能观察到自己想要想办法去取悦他的那个倾向，尽管非常精微，但我能清楚地感觉到那个冲动。那是一个非常重要的转折点：在那个时刻上，当我没有像以前那样很快地遁入这个习惯性的反应模式的时候，我就回到了自己的中心，那个稳定的内在中心，也是我每次练习正念的时候连接到的那个中心，在那一刻，我获得了一个新的空间，一个在外界刺激和自动化反应之间的一片新的田野，在那里，我拥有自主选择如何去回应的自由。这是坚持不断的正念练习所给予我的礼物。

问：对其他练习者有什么建议？

答： 建议可能还算不上，我也还在练习当中。基于我有限的经验，我觉得有几点可以分享。

首先，不用对自己有太多的要求，就从微习惯开始，每天练习时间不用长，5分钟就可以。宁可短不要断，因为正念所带来的稳定、清晰是需要有一定练习时长的积累才会慢慢发挥效用的，所以每日5分钟正念的微习惯，对我来说非常有帮助，它会降低自己对练习的心理压力，可以长期坚持下去。

其次，当你练习到了一定阶段的时候，你会更敞开、更敏感。那个时候你能觉察的东西就更多，包括好的和坏的，就像有人搅动池底的淤泥，你会看到浑浊一片，甚至是一些不愿面对的东西。看到这些可能会让你感到痛苦而停止练习。对此我的建议就是，不要因为害怕而停止练习，也不要因为逃避而责备自己。如果说那些尘封的痛苦、自我的阴暗面是射向自己的第一支箭，那就千万别再用自我攻击而向自己射出第二支箭了。

正念不是非要在蒲团上正襟危坐，你也可以像我一样把它融入生活中的点滴小事中，既可以是带着正念做顿饭，喝杯咖啡，听首歌，也可以是带着正念倾听你的孩子和工作伙伴。正念就像水一样，可以完全融进你的生活里。

明：行动中的正念

明是一位企业创始人，他的工作和生活都非常繁忙，但你几乎无法从他平和的举止中看出蛛丝马迹。他拥有自己的企业，也需要时常兼顾家庭——一个早早进入叛逆期的爱女，让明作为父亲在早些年不得不每个周末都挣扎在督促孩子完成作业的第一线（不过现在她已成年，正在欧洲完成自己的大学学业）。所以，对于明来说，空闲基本是没有的，更别说是能给到自己的时间了。

问：你是如何开始又是如何继续正念练习的？

答：我在2018年先接触了主要基于观呼吸练习的正念禅修。在2019年，我在北京第一次遇到老杨（杨真善），接触到"看听感"。我参加过几次工坊，有老杨带领的，也有其他老师带领的。我发现这个体系很适合在生活中去练习，在日常生活中随时随地都能进行，而不像其他大多数的练习一定要坐着进行。因此，我有时候说"看听感"是行动中的正念。

刚开始的时候，我每天只能坐10分钟。现在，我每年都会安排自己参加至少两次、持续五天以上的静修营。一般参加完这种营，我就能坐久一些——现在30分钟已经很日常了。微冲击也很重要，在平日里、在走路的时候、在讲话的时候，我都会抓住机会练习。

除了自己练习，教学相长也很重要。我现在会去做带领练习的工作，成为正念引导师。因为需要去准备和实践，所以这对我自己的练习也是一种促进。

问：正念练习对你的生活有怎样的影响？

答：在工作中的一个场景就是会议。以前的会议中我只是在使用大脑，会被大脑的一些想法牵着走。现在，我能够在听对方所表达内容的同时，也看到自己的一些内在的情绪想法和身体反应，因此我能够跟对方共情，也不会轻易被那个头脑的念头牵着走。

另外，我发现自己头脑里面一直会有很多内在对话在进行，就像有小人在里面喋喋不休，这对我曾经是个困扰。现在，我能够通过直接去观察这些声音来分辨哪些有关联，哪些其实不相干，是杂音。

生活上，我有一个很小就很知道怎么惹他爸爸生气的女儿！练习正念后，在听到她那些挑衅的话时，我也能够和我的怒气相处，避免自己被那种强烈的情绪带进去。

我的个性是内向型，从小就是，会对相对内在的东西更关注。我也自认为算是很会自我反省的人了，但有时候好像还是有些问题没法去处理。练习正念后，我发现自己原本的自我反思，其实还只是停留在思维里。是正念帮助我可以跳出思维，能够在另一个层面上进行觉察,那是超越思维的看见。

问:对于其他练习者,你有什么建议?

答:找一个好的老师、好的练习体系,并开始有规律地进行练习。如果想让自己坚持下去,一个共修的群体或社群会很重要。

译者后记

去年雁找到我,邀请我参与翻译这本书的任务。当时我其实还是有点迟疑的,因为我那时还不知道谁是梅格,也不知道自己能不能做好。但作为一个"看听感"的练习者和受益者,我觉得这可能就是一个回报的机会。其实这个理由就足够充分了,就像缺乏食物的时候,当一位邻居分了几根珍贵的小葱给你,你必会想尽办法回报她——小葱要给足,还得加上几颗蒜。

算起来,我练习"看听感"也只不过两年多。刚接触时只是单纯被它的简单、干净、轻便、友好所吸引:没有什么哲学体系要学习,没有什么世界观要相信,也没有什么大师需要膜拜。最终起效很快,效果也非常明显。当我理解了那些练习都是在练什么,以及如何在生活中运用它们的时候,每时每刻就都可以练习了。每次心中的波澜,或大或小,也都可以被看作一次强化训练的机会。而与"看听感"的创始人老杨(杨真善)相比,梅格更像是为"看听感"运用在生活中建立了一个样板,把守、清、通带到家庭、职场、社会里,让如你我般同样平凡的普通人,可以在此生就体味到深广的幸福。

梅格的这本书在正念练习或更为广泛的身心灵成长领域，我认为是"读这一本就够了"的书——她把该说的方面都说到了（但也不多说），诚恳、实在、全无保留，而且人人都能读得懂。书里面包括了所有这个主题下必须要了解的内容，包括为什么、怎么做、能怎样：看听感从哪里来，是什么又不是什么；科学如何佐证正念练习对人都有哪些好处；如何减轻痛苦，提升幸福，改善行为，建立联结；现代正念练习者的故事，生活的起承转合，陷入低谷与走出低谷，痛与不再痛。你所需要的关于如何练习的所有细节，各种风格风味，自取即可。大脑被喂饱，故事听够，蠢蠢欲动想试一把的心也可以马上得到满足。

虽然不是科班出身的正经专业翻译，但这次的翻译我也算是很投入地完成了。我没有专业的训练，也没有累积的经验，有的只是小心翼翼一词一句地反复斟酌，执着着，迟疑着，始终希望自己可以做得更好。当然，作为看听感的练习者，这个过程又似乎会有些许不同：执着，但就只执着一会儿，对自己有期待但也不会对自己不满意——其实已经很努力了啊。刚开始的时候会比较在意翻译得对不对，全不全，但慢慢地越来越能读到文字背后那个自在、通达、幽默，又充满关爱的梅格，也放下了字词句的束缚，索性直接把自己塞到梅格的世界里，紧挨着她坐，一起活一遍，用我的看见、听见和感受来复述：一个鲜活、真实、"被关照"的人生到底

译者后记

是个什么样子。

所以,这就像友谊的击鼓传花,越传越多。现在看到,我所得到的远远大过所付出的。朱利安·巴恩斯说过,"翻译不仅需要精通技艺,还需要想象力,把自己伪装成另一个作家",但我在翻译的时候发现自己根本不用伪装,"为生活扎紧了围篱,努力维持一个没有战事的前线",说的不就是我吗?无论在西方还是在东方,职业母亲其实都是一个形象——就像厨房里有 10 个烧水壶同时在煮水,老公、父母、孩子一、孩子二、老板、下属、客户、市场,你不知道什么时候哪壶就开了,完全走不开,牢牢被拴住。

这是一次让我感受到深深共情的翻译之旅,而翻译的过程让这样的共情缓慢、深入、彻底,产生了持久的疗愈作用。而我这个东方老母亲也被种下了新的希望,梅格可以是我,也可以是每一个你。她能做到的,我们也可以。从这个意义上来说,现代的科学正念已经经由这本书向你走来,面目清晰,和蔼可亲。

还要什么自行车呢?

范玲琍

Mind Your Life: How Mindfulness Can Build Resilience and Reveal Your Extraordinary

By Meg Salter

ISBN: 978-0-9959368-0-5

Copyright © 2017 by Meg Salter

No part of this publication may be reproduced, stored in a retrieval system or transmitted in any form or by any means, electronic, mechanical photocopying, recording or otherwise without the prior permission of the publisher.

Simplified Chinese translation copyright © 2023 by China Renmin University Press Co., Ltd.

All rights reserved.

本书中文简体字版由 Meg Salter 授权中国人民大学出版社在中华人民共和国境内（不包括香港特别行政区、澳门特别行政区和台湾地区）出版发行。未经出版者书面许可，不得以任何方式抄袭、复制或节录本书中的任何部分。

版权所有，侵权必究。